U0305596

# 世界甜品大师
# 创意之作 100 款

HAUTE PÂTISSERIE,
100 CRÉATIONS PAR LES MEILLEURS CHEFS PÂTISSIERS

法国权威糕点协会（Relais Desserts）　主编

［法］劳伦特·福（Laurent Fau）　摄影

郝文　译

中国轻工业出版社

# 精妙绝伦的高端甜点

"让每一道甜品都成为精妙绝伦的艺术品",这是三十多年来,法国权威糕点协会(Relais Desserts)的大师们对自己的严格要求。

这本书不仅体现了我们对顶级烘焙艺术的热情,也展示了我们共同的价值观。技术体现了甜品大师的专业水平,而制作出一道能给心灵带来慰藉的甜品也能凸显大师的基本功。因此,我们需要通过动人的文字和诱人的图片来展示对"精妙绝伦"的不懈追求,并为之不断努力。这本合集好似一场与来自全世界八十多名不同年龄的顶级甜品师的盛宴分享,他们都为法式甜品的传播做出了自己的贡献。

通过这样难得的方式,我们精选了一百种甜品,希望通过这些甜品去展示那些顶级糕点师和巧克力大师高超的技艺。无论是重塑的经典之作,还是新颖的创意之作,无论是蛋糕、酥挞,还是饼干、糖果,都展示了这些有着更高追求、希望甜品入口便能唤醒味蕾的艺术家们各自的风采。

不断地尝试、改进、品尝……只有烘焙能带给你分享美食的欢乐时刻以及感官的享受!

**弗雷德里克·卡塞尔**(Frédéric Cassel)
法国权威糕点协会(Relais Desserts)会长

# 目录
## SOMMAIRE

## ◆ 精致酥挞 ◆

## ◆ 优选单品 ◆

◆ 酥脆佳品 ◆

## ◆ 大师和他们的选择 ◆

# 绝妙蛋糕

---

DIVINS LES GÂTEAUX

# 珍珠

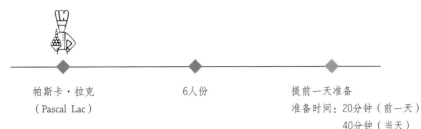

帕斯卡·拉克
（Pascal Lac）

6人份

提前一天准备

准备时间：20分钟（前一天）

40分钟（当天）

制作时间：约10分钟（前一天）

约35分钟（当天）

冷藏时间：12小时+4小时

---

**红色果酱** 覆盆子70克◆草莓100克◆细砂糖25克◆NH果胶3克+细砂糖5克◆百花蜜20克 **蛋糕坯** 面粉30克 +土豆淀粉35克◆蛋白80克◆细砂糖60克◆蛋黄45克 **香草蛋糕** 面粉65克◆酵母7克◆黄油14克◆常温蛋液 60克◆细砂糖80克◆常温淡奶油35克◆香草荚1/2根 **英式蛋奶酱** 牛奶180克◆香草荚1根◆蛋黄85克◆细 砂糖40克 **香草慕斯** 吉利丁片8克+水40克◆淡奶油45克+490克◆英式蛋奶酱（做法附后）275克 **白色 淋面** 吉利丁粉7克+水35克◆细砂糖240克◆水120克◆淡奶油260克◆葡萄糖80克◆无色镜面酱80克◆奶粉 60克 **收尾** 新鲜白玫瑰1枝◆覆盆子3颗◆旱叶草梗（花店购买）适量◆银色珍珠适量

---

## 红色果酱

前一天开始准备。将覆盆子、草莓和25克细砂糖倒入平底锅煮沸。将NH果胶和5克细砂糖搅拌均匀，倒入煮好的果肉中。加入百花蜜，再次煮沸。关火，使红色果酱自然冷却至45℃。

## 蛋糕坯

将烤箱调至7挡、预热至210℃。将面粉和土豆淀粉过筛。将蛋白打发至干性发泡，其间缓缓加入细砂糖。加入蛋黄。一次性倒入过筛的面粉和土豆淀粉混合物，轻轻搅拌均匀。将

面糊倒入铺有烘焙纸的烤盘，放入烤箱中烤两三分钟。出炉冷却后脱模，切成2个直径为16厘米的圆形蛋糕坯。在铺有烘焙纸的烤盘上放入直径16厘米的慕斯圈，将1个蛋糕坯放入慕斯圈底部，在表面均匀涂上1/2 45℃红色果酱。继续放入另1个蛋糕坯，均匀涂上剩余1/2 45℃果酱。放入冰箱冷藏至次日。

## 香草蛋糕

制作当天，将面粉和酵母过筛。将黄油使用隔水加热法用小火化开。将烤箱预热至180℃。将常温蛋液、细砂糖和常温淡奶油倒

入碗中混合，略微搅拌。依次加入面粉酵母混合物和冷却后的化黄油。从香草荚中取出香草子，放入上述混合物中。将直径为16厘米的慕斯圈放在铺有烘焙纸的烤盘上，将混合均匀的蛋糕糊倒入慕斯圈。放入烤箱烤12分钟。出炉，将刀尖插入蛋糕检查烘烤程度：拔出后刀尖表面应是干燥的。

## 英式蛋奶酱

从香草荚中取出香草子，和牛奶一起倒入平底锅煮沸。将蛋黄和细砂糖倒入碗中搅拌至发白。再缓缓倒入热牛奶，持续搅拌。将混合物重新倒回平底锅加热，持续搅拌至83℃。关火，将平底锅放入盛有冰块的碗中，冷却至50℃。

## 香草慕斯

吉利丁片放入水中软化。45克淡奶油倒入平底锅煮沸。加入软化、沥干后的吉利丁片。将275克英式蛋奶酱加热至50℃。490克淡奶油打发后，倒入蛋奶酱，放置冷却至40℃。

## 白色淋面

吉利丁粉倒入水中。将细砂糖和水倒入平底锅加热至120℃。加入淡奶油和葡萄糖，再次煮沸。关火，加入无色镜面酱和奶粉。当混合物温度降至60℃时，加入溶化的吉利丁粉。若想蛋糕淋面色泽更加亮白，可加入适量二氧化钛。

## 组合

将直径18厘米、高4.5厘米的慕斯圈放在烤架上，再将烤架放入烤盘。慕斯圈底部放入香草蛋糕后，在表面均匀地涂一层香草慕斯。从冰箱取出红色果酱蛋糕坯，放在香草慕斯上。用慕斯将蛋糕顶部涂满。放入冰箱冷冻4小时。

## 收尾

从冰箱中取出蛋糕，脱模，放在烤架上。再将烤架放入烤盘。将白色淋面加热至24℃，缓缓、均匀地浇在蛋糕上。摘3片玫瑰花瓣摆放在蛋糕上。将旱叶草根茎洗净，切成3段。在3根旱叶草根茎上分别穿上1颗覆盆子，依次放在3片玫瑰花瓣旁。再将银色珍珠撒在蛋糕上。将蛋糕放入冰箱冷藏，食用时取出即可。

## 香草

通常我们选用马达加斯加香草。这种香草香味浓郁，且带有果香和热可可香。因其含有150种芳香成分，马达加斯加香草成为一种珍贵的香料，也是目前全世界使用最多的一种香草。

这款蛋糕中，我们使用这种香草和奶油制成的慕斯酱来突出果酱的香味，也能为蛋糕带来顺滑的口感。

# 冰激凌蛋糕

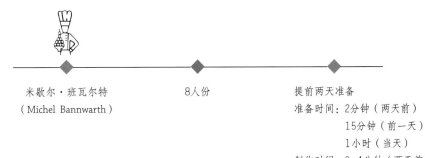

米歇尔·班瓦尔特
（Michel Bannwarth）

8人份

提前两天准备

准备时间：2分钟（两天前）
15分钟（前一天）
1小时（当天）

制作时间：3~4分钟（两天前）
5分钟（前一天）
3小时（当天）

浸渍时间：2×24小时

---

**香草冰激凌** 牛奶250克◆香草荚1根◆细砂糖35克+40克◆淡奶油50克◆蛋黄50克 **草莓雪葩** 细砂糖240克
◆水140克◆草莓果泥250克 **蛋白霜** 蛋白100克◆细砂糖30克+70克◆糖粉100克 **收尾** 脂肪含量为35%的
冷冻淡奶油400克◆细砂糖25克

---

### 香草冰激凌

提前两天制作香草冰激凌。将香草荚剖成两半，和牛奶一起倒入平底锅煮沸。关火，将牛奶倒入碗中。用保鲜膜封口，放至次日备用。

制作的前一天，取出浸泡在牛奶中的香草荚，刮出香草子备用。将香草牛奶、淡奶油和35克细砂糖倒入平底锅煮沸。蛋黄和40克细砂糖搅拌至发白。将热牛奶缓缓倒入蛋黄中，轻轻搅拌。将混合物重新倒回平底锅，小火加热并持续搅拌。当温度达到85℃后，继续搅拌3分钟。关火，将平底锅放入盛有冰块的冷水中。待牛奶冷却后，倒入碗中。用保鲜膜封口，放至次日备用。

制作当天，将前一天准备好的混合物倒入冰激凌机，按照使用说明制作冰激凌。制作完成后，倒入直径为18厘米的慕斯圈中。事先将慕斯圈放在铺有烘焙纸的烤盘上。用抹刀将冰激凌表面抹平。放入冰箱冷冻。

### 草莓雪葩

将细砂糖和水一同煮沸。将草莓果泥倒入煮好的糖水中浸泡片刻，倒入碗中。用保鲜膜封口后放至次日备用。

制作当天，将备用的草莓果泥糖水倒入冰激凌机，按照使用说明进行制作。制作完成后，将草莓雪葩倒入直径为18厘米的圆形模具中。事先将模具放在铺有保鲜膜的烤盘上。用刮刀将雪葩表面抹平。放入冰箱冷冻。

## 蛋白霜

将烤箱调至3挡、预热至90℃，开始制作蛋白霜。将蛋白和30克细砂糖打发至湿性发泡，一次性加入70克细砂糖。继续打发至干性发泡，加入糖粉。再次打发片刻。将打发后的蛋白倒入套有锯齿状裱花嘴的裱花袋中。烤盘铺烘焙纸，用裱花袋在烤盘上挤出2个直径为18厘米的蛋白霜花环。将奶油夹心烤蛋白制成方格状，其次使用蛋白装饰蛋糕，形似两个蛋白奶油花边皇冠。

放入烤箱烤3小时，将一个勺子插在烤箱门上，确保烤箱处于半开状态。

## 收尾

将细砂糖缓缓倒入淡奶油中，一起打发。将打发奶油倒入套有锯齿状裱花嘴的裱花袋中。将有螺旋状蛋白霜球装饰的蛋白霜花环放在餐盘上。从冰箱取出香草冰激凌和草莓雪葩，依次放在底层蛋白霜花环上。再将另一个蛋白霜花环放在上面。最后按照个人喜好用裱花袋在蛋糕表面挤出奶油球装饰，即可食用。

## 牛奶

我们选用最新鲜的有机生鲜奶：这需要在质量上严格把关，也需要考虑到生鲜奶是否符合食品卫生标准。只有那些有机产业公司才能保证奶牛生长在牧场。我们需要接受不同饲养环境下产出的不同口味的牛奶。但这也恰恰保证了牛奶的味道和丰富的脂肪含量，做出的奶油也比较香浓。十五年来，我们始终与一家距离我们工作室8千米远的农场合作：我们今天晚上就会去看看第二天要挤奶的奶牛，因为距离真的很近！

# 圣多诺黑咸黄油焦糖泡芙

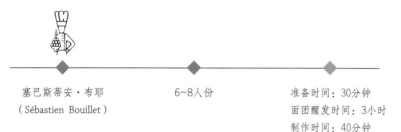

塞巴斯蒂安·布耶
（Sébastien Bouillet）

6~8人份

准备时间：30分钟
面团醒发时间：3小时
制作时间：40分钟

---

**蛋糕坯** 化黄油100克◆糖粉160克◆细盐2克◆鸡蛋50克◆面粉300克 **焦糖奶酱** 葡萄糖糖浆50克◆糖粉100克◆全脂淡奶油200克◆半盐黄油60克 **焦糖卡仕达酱** 全脂牛奶240克◆黄油12克◆糖粉25克+25克◆香草荚1根◆面粉25克◆蛋黄50克◆焦糖奶酱60克 **泡芙** 面粉85克◆细盐2克◆糖粉3克◆黄油70克◆鸡蛋160克◆水160克 **焦糖** 水30克◆葡萄糖糖浆30克◆糖粉100克 **香草香缇奶油** 全脂淡奶油300克◆马斯卡彭奶酪60克◆糖粉40克◆香草荚1/2根

---

## 蛋糕坯

将化黄油倒入自动搅拌机。依次加入过筛的糖粉、细盐和鸡蛋。搅拌均匀后，加入过筛的面粉。持续搅拌几分钟，形成面团。用保鲜膜将面团裹好，放入冰箱冷藏3小时。随后，将面团放在撒有面粉的工作台上，擀成2毫米厚的面饼。

将烤箱调至5~6挡、预热至160℃。将面团放入直径22厘米的慕斯圈内。去除多余面团后，将慕斯圈放入铺有烘焙纸的烤盘。用叉子在面团表面均匀扎孔。放入烤箱烤15分钟，将蛋糕表面烤至呈橙黄色。出炉后常温冷却、脱模。

## 焦糖奶酱

将葡萄糖糖浆煮沸，分四次倒入糖粉中。

每次倒入后等待片刻让其自然凝固，不要搅拌。但一旦糖浆开始变色，便需开始搅拌。将淡奶油倒入平底锅加热。当糖浆开始变色，并且表面开始冒泡时，缓缓加入热的淡奶油。继续加热至103℃。关火，常温冷却。将冷却后的焦糖奶酱倒入搅拌机搅拌至顺滑。

## 焦糖卡仕达酱

香草荚剖成两半，去子。将全脂牛奶、黄油、25克糖粉和香草荚一起倒入平底锅加热。将25克糖粉和面粉倒入碗中混合，再加入蛋黄，搅拌均匀。将一部分热牛奶倒入糖粉、面粉混合物中，快速搅拌。之后将混合物倒回平底锅。中火加热至沸腾后，继续加热2分钟，其间持续进行搅拌。关火，用电动搅拌器搅拌均匀。将卡仕达酱倒入大号烤盘，快速冷却。

小火将焦糖奶酱加热至60℃。将卡仕达酱倒入电动搅拌器，加入热焦糖奶酱，搅拌均匀。

## 泡芙

将面粉过筛。将水、细盐、糖粉和黄油倒入平底锅，小火加热至沸腾。关火，将平底锅从火上移开。将面粉倒入平底锅，缓缓搅拌。中火加热平底锅，持续搅拌至形成圆形面团，并微微粘壁。将面糊倒入盆中，搅拌冷却至50℃。将鸡蛋打散后，缓缓倒入面糊中，快速搅拌。根据面糊的质地选择加入全部或者部分蛋液。用刮刀挑起面糊，当面糊变得顺滑、呈倒三角形，不会滑落时，即可不用继续加入蛋液。将面糊倒入套有12号裱花嘴的裱花袋中。

将烤箱调至5~6挡，预热至170℃。在烤盘铺烘焙纸，用裱花袋在烤盘上挤出11个泡芙坯。放入烤箱烤20分钟。

## 焦糖

准备一大盆冷水。将30克水和葡萄糖糖浆倒入平底锅，再加入糖粉。大火加热至165℃。

关火，将平底锅浸入备好的冷水盆中，使糖停止继续焦化。依次将泡芙顶部浸入热焦糖中，然后沿餐盘边缘摆放，将餐盘放在烤盘上。

## 香草香缇奶油

香草荚剖成两半，去子。和全脂淡奶油、马斯卡彭奶酪、糖粉倒入搅拌器混合，打发至柔软、顺滑。

## 收尾

将焦糖奶酱倒入套有8号裱花嘴的裱花袋中。先将约100克的焦糖奶酱均匀地涂在蛋糕坯表面，再均匀涂一层焦糖卡仕达酱，用抹刀将表面抹平。在蛋糕边缘0.5厘米的地方将焦糖奶酱挤成一个个螺旋状奶球。将10个焦糖泡芙依次摆放在蛋糕边缘。将香草香缇奶油倒入套有圣安娜裱花嘴的裱花袋中，从每个焦糖奶酱球中间开始向蛋糕中心挤出奶油。然后将最后一个焦糖泡芙放在蛋糕中心。放入冰箱冷藏，食用时取出即可。

# 布列塔尼千层蛋糕

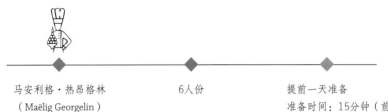

马安利格·热昂格林
（Maëlig Georgelin）

6人份

提前一天准备

准备时间：15分钟（前一天）
　　　　　1小时（当天）
制作时间：约10分钟（前一天）
　　　　　1小时40分钟（当天）
冷藏时间：2×12小时+2小时10分钟
浸渍时间：15分钟

---

**马斯卡彭香草奶油** 吉利丁粉15克+水8克◆淡奶油80克◆香草荚1个◆蛋黄16克◆细砂糖19克◆马斯卡彭奶酪80克（收尾） **软焦糖奶油** 淡奶油225克◆盐之花4克◆香草荚1个◆吉利丁粉4克+水20克◆葡萄糖60克◆细砂糖10克◆半盐黄油65克 **焦糖千层酥皮** 面粉800克+面粉适量（用于工作台）◆细盐15克◆水380克◆黄油150克+440克◆糖粉100克 **盐之花烤苹果** 澳大利亚粉红佳人苹果3个◆红糖100克◆盐之花1克 **收尾** 食用银箔纸1张

---

### 马斯卡彭香草奶油

　　前一天开始准备。将吉利丁粉倒入水中浸泡备用。香草荚剖成两半，去子。和淡奶油一起倒入平底锅煮沸。蛋黄和细砂糖混合，加入煮沸的淡奶油，快速搅拌。将蛋奶混合物重新倒回平底锅。持续搅拌，小火加热至85℃。加入溶解的吉利丁液。关火，将平底锅浸入盛有冰块的冷水中。

　　将冷却后的香草奶油倒入碗中。用保鲜膜封口，放入冰箱冷藏至次日。制作当日加入马斯卡彭奶酪，搅拌均匀。

### 软焦糖奶油

　　香草荚剖成两半，去子。与盐之花、淡奶油一起倒入平底锅煮沸。关火。静置15分钟。取出香草荚，洗净、沥干、切碎备用。

　　吉利丁粉倒入水中。葡萄糖和细砂糖倒入平底锅加热至170℃左右。依次加入热香草奶油和溶解的吉利丁，将混合物过滤倒入碗中。加入切块的半盐黄油，用电动搅拌器搅拌均匀。用保鲜膜封口，放于冰箱冷藏至次日。

### 焦糖千层酥皮

　　制作当日，将面粉、细盐、水和150克切成块的黄油倒入碗中混合，揉成均匀的面团即可（不要过多揉面）。面团包上保鲜膜，放入冰箱冷藏30分钟。

从冰箱中取出面团，在撒有面粉的工作台上擀成30厘米宽的正方形。将440克黄油擀成边长为15~20厘米的正方形，放于正方形面团中央。沿黄油块四个边缘向内折叠面团。用擀面杖将折叠后的面团擀成8毫米厚的长方形，再将长方形面团折叠成三折。裹上保鲜膜，将面团放入冰箱冷藏20分钟。之后重复四次以下步骤：从冰箱取出面团，沿与折叠方向呈90°的方向将面团擀成长方形。裹上保鲜膜，放入冰箱冷藏20分钟。此食谱需用1千克酥皮，其余酥皮可冷冻备用。

将烤箱调至6~7挡、预热至200℃。工作台面撒适量面粉，从冰箱取出面团，擀成长40厘米、宽30厘米、厚0.3厘米的长方形。将长方形面团放入预先打湿的烤盘。用叉子在面团表面均匀扎孔。将烤架放置于面团上防止面团烘烤时鼓起。放入烤箱烤25分钟。

从烤箱取出烤盘。烤箱温度调至8挡、预热至240℃。拿掉烤架，将过筛后的糖粉均匀地撒在酥皮上。将酥皮再次放入烤箱，烤7分钟，其间仔细观察表面糖粉烘烤程度，防止烤

焦。从烤箱取出酥皮。冷却后，切成3块长18厘米、宽12厘米的长方形酥皮。

### 盐之花烤苹果

将烤箱调至5~6挡、预热至160℃。苹果去皮、切成两半、去子，将果肉切成1厘米的方块。苹果块放入烤盘，均匀撒上红糖和盐之花。放入烤箱烤1小时。从烤箱取出烤盘，将烤苹果块倒入碗中冷却。

### 收尾

将马斯卡彭奶酪倒入香草奶油中，用电动搅拌器打发至湿性发泡。然后将打发后的奶油倒入套有8号裱花嘴的裱花袋。在2块长方形焦糖酥皮上，用裱花袋沿长边挤出12个圆球，沿短边挤出8个圆球。将软焦糖奶油倒入套有铁质裱花嘴的裱花袋中，在第3块焦糖酥皮上薄涂一层。将冷却的烤苹果块均匀地铺在有奶油球的2块焦糖酥皮上，然后叠放这2块酥皮，再将软焦糖酥皮放于顶层。将剩余的马斯卡彭香草奶油在顶层酥皮表面挤3个椭圆形奶油球。在表面均匀地撒上碾碎的香草荚。将蛋糕放入冰箱冷藏，食用前取出即可。

# 巴黎车轮泡芙

米歇尔·鲍狄埃
（Michel Pottier）

8人份

准备时间：40分钟
制作时间：约1小时10分钟

---

**泡芙** 面粉250克◆牛奶250克◆水250克◆黄油200克◆细砂糖5克◆细盐5克◆鸡蛋240克◆杏仁片40克 **焦糖榛子** 榛子250克◆细砂糖100克◆水20克 **黄油酱** 细砂糖250克◆水60克◆鸡蛋150克◆香草荚1/2根◆黄油375克 **卡仕达酱** 牛奶250克◆细砂糖30克+30克◆蛋黄60克◆玉米粉30克 **杏仁巧克力酱** 黄油100克◆传统杏仁糖100克（做法详见第250页）◆黄油酱75克◆卡仕达酱370克

---

## 泡芙

面粉过筛后倒在烘焙纸上。将牛奶、水、黄油、细砂糖和细盐一起倒入平底锅加热。开始沸腾时，关火，移开平底锅。将过筛后的面粉一次性倒入平底锅。大火加热平底锅，快速搅拌至面糊开始粘在锅底、锅壁上。关火，移开平底锅。将鸡蛋依次加入面糊，每次加入后都需快速搅拌。将面糊倒入套有10号裱花嘴的裱花袋中。将直径24厘米的慕斯圈放入铺有烘焙纸的烤盘。用裱花袋沿着慕斯圈挤出一圈面糊，再沿着第一圈面糊继续挤出第二圈面糊，最后在这两个面糊圈上方继续挤出第三圈面糊。在面糊圈表面均匀地撒上杏仁片。将烤箱调至6~7挡、预热至200℃。放入烤箱烤30~35分钟。出炉，放在烤架上自然冷却。

## 焦糖榛子

将榛子倒入铜锅加热，其间不断搅拌。同时将水和细砂糖倒入另一平底锅煮沸后，继续加热至120℃，制成糖浆。将120℃的糖浆倒入热榛子中，使其表面形成金黄色的焦糖外壳。将焦糖榛子倒入烤盘，分成小块，自然冷却。

## 黄油酱

香草荚剖成两半，和水、细砂糖一起倒入平底锅加热至120℃。用自动打蛋器将蛋液高速打发，缓缓加入120℃的热糖浆。继续搅拌至混合物完全冷却，然后加入切成小块的黄油。

## 卡仕达酱

将牛奶和30克细砂糖倒入平底锅，用小火煮沸。将蛋黄和30克细砂糖打发至发白后，加入玉米粉。倒入热牛奶，快速搅拌。将混合物重新倒回平底锅加热，煮沸后继续加热3分钟，其间持续搅拌。将卡仕达酱倒入碗中，用保鲜膜封口。放入冰箱冷藏。

## 杏仁巧克力酱

　　将切块的黄油、传统杏仁糖和75克黄油酱倒入搅拌机，搅拌3分钟。剩余黄油酱可放入冰箱冷冻保存。加入卡仕达酱。将杏仁巧克力酱倒入套有10号裱花嘴的裱花袋中。

## 收尾

　　将车轮泡芙从中间水平切开，分成上、下两部分。先用杏仁巧克力酱将车轮泡芙下半部分填满，再将外圈及有空隙的地方都涂满杏仁巧克力酱。然后盖上铺有杏仁片的车轮泡芙上半部分。再将2个焦糖榛子块放在上面装饰。最后将车轮泡芙放入冰箱冷藏，食用时取出即可。

## 榛子

　　皮埃蒙地区的榛子的品质和味道是无可挑剔的。我们将新鲜的榛子去壳、焙烤，加工后的榛子外形圆润、味道甜美，这些被列入地理标志保护产品的榛子主要产于皮埃蒙西南地区，而这一地区也是松茸产区。这种榛子焙烤后，香味浓郁，不仅用于制作传统夹心糖，也用于制作其他甜品。

# 核桃酥

|  |  |  |
|---|---|---|
| 米歇尔·贝林 | 2个 | 提前一天准备 |
| (Michel Belin) | (各8人份) | 准备时间：10分钟（前一天） |
|  |  | 40分钟（当天） |
|  |  | 制作时间：约50分钟 |
|  |  | 冷藏时间：12小时（醒面）+ 2小时 |

---

**杏仁蛋糕** 面粉350克◆糖粉140克◆黄油210克◆细盐3.5克◆粗杏仁粉42克◆鸡蛋70克 **焦糖核桃** 青核桃仁300克◆细砂糖200克◆葡萄糖糖浆100克◆淡奶油250克 **咖啡黄油酱** 细砂糖250克+水62克◆蛋白125克◆化黄油375克◆咖啡浓缩液25克 **咖啡杏仁面团** 杏仁面团（杏仁含量为66%）250克◆咖啡浓缩液30克 **杏仁糖** 细砂糖250克◆葡萄糖糖浆50克◆杏仁碎200克

---

### 杏仁蛋糕

前一天开始准备杏仁蛋糕。将面粉和糖粉分别过筛。黄油倒入搅拌器低速搅拌，加入过筛后的糖粉、细盐和粗杏仁粉。依次加入鸡蛋，搅拌均匀。加入过筛的面粉，快速搅拌成光滑的面团。将面团放入冰箱冷藏至次日备用。

制作当天，将烤箱调至5~6挡、预热至160℃。

从冰箱取出600克杏仁面团，在撒有面粉的工作台上擀成长30厘米、宽25厘米、厚0.2厘米的矩形面片。将矩形面团放入铺有烘焙纸的烤盘。用叉子在面团表面均匀扎小孔。放入烤箱烤15分钟。

出炉，将杏仁蛋糕放在烤架上。

### 焦糖核桃

青核桃仁碾碎。将细砂糖和葡萄糖糖浆倒入平底锅加热至170℃，制成焦糖。依次加入碾碎的核桃仁和淡奶油。再次加热混合物至125℃。将热焦糖核桃涂在温热的杏仁蛋糕上。用抹刀将表面抹平。常温下冷却。

### 咖啡黄油酱

将细砂糖和水倒入平底锅加热至118℃。蛋白倒入碗中打发，缓缓加入热糖浆，使其完全冷却。将化黄油同咖啡浓缩液一起倒入冷却的意式蛋白霜中，轻轻搅拌均匀。将制成的咖啡黄油酱均匀地涂在核桃焦糖上，将表面抹平。

**咖啡杏仁面团**

将咖啡浓缩液和杏仁面团混合，揉成光滑面团。擀成1.5毫米厚的长方形，放在涂了酱的杏仁蛋糕上。

**杏仁糖**

将细砂糖和葡萄糖糖浆倒入平底锅加热至165℃。加入杏仁碎，轻轻搅拌后，迅速将杏仁糖浆倒在烘焙纸上。用擀面杖擀平。稍稍放凉后，用刮刀来回搅拌几次。用粗孔筛过滤后，将杏仁糖铺在撒有焦糖核桃的杏仁蛋糕上。将剩余杏仁糖放入密封罐中保存。将核桃蛋糕放入冰箱冷藏2小时。取出后沿长边从中间纵向切成两半。如有需要，可将蛋糕放入冰箱冷冻保存。

**核桃**

选用产自法国佩里戈尔地区、品质优良的青核桃。我喜欢这种核桃淡淡的榛果香及它特有的香味。我们的原料都来自同一家农场。核桃类蛋糕已成为该地区的象征性产品，而这款核桃酥也成为本店的招牌。

# 达克瓦兹

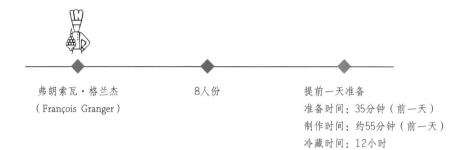

弗朗索瓦·格兰杰
（François Granger）

8人份

提前一天准备
准备时间：35分钟（前一天）
制作时间：约55分钟（前一天）
冷藏时间：12小时

---

**甘纳许夹心** 可可含量为53%的黑巧克力220克◆牛奶巧克力40克◆淡奶油100克◆全脂牛奶85克◆化黄油20克 **蛋糕坯** 白杏仁粉125克◆糖粉125克+适量（撒在蛋糕表面）◆蛋白60克+240克+75克◆杏仁粉40克 **收尾** 糖粉适量

---

### 甘纳许夹心

提前一天准备。黑巧克力和牛奶巧克力切块，倒入碗中。淡奶油和全脂牛奶倒入平底锅煮沸，分2次倒入巧克力块中，并不断由中心向外画圈搅拌。加入化黄油，搅拌均匀后，将甘纳许倒入小型容器中。保鲜膜封口。常温放置凝固。

### 蛋糕坯

将白杏仁粉和糖粉倒入碗中混合。加入60克蛋白，搅拌均匀。将糖粉缓缓倒入240克蛋白中，将蛋白打发。再将打发蛋白缓缓倒入杏仁粉中，轻轻搅拌成均匀、黏稠的蛋糕糊。

烤箱调至4~5挡、预热至145℃。烤盘铺烘焙纸，将2个直径为22厘米的慕斯圈放入烤盘。将蛋糕糊均匀倒入2个慕斯圈。用抹刀将表面抹平。拿掉慕斯圈。糖粉过筛撒在面糊表面。再将杏仁片均匀撒在其中1个面糊表面。

放入烤箱烤50分钟左右。出炉，将蛋糕放在烤架上。冷却后揭掉烘焙纸。

将甘纳许倒入套有14号裱花嘴的裱花袋中。用裱花袋将甘纳许均匀涂在无杏仁片的蛋糕上。再将杏仁蛋糕放在上面。将蛋糕放入冰箱冷藏至次日。

### 收尾

食用当天，提前2小时从冰箱取出达克瓦兹。表面撒上适量过筛的糖粉，即可享用。

# 松露蛋糕

伊希尼奥·马萨里　　　2个　　　准备时间：40分钟
（Iginio Massari）　　（各6人份）　　制作时间：约45分钟

---

**可可蛋糕** 鸡蛋250克◆细砂糖280克◆蛋黄150克◆面粉266克+适量（用于模具）◆可可粉33克◆黄油33克+20克（用于模具）**松露奶油** 牛奶340克◆蛋黄80克◆细砂糖70克◆布丁粉26克◆可可含量为75%的巧克力340克◆榛子酱80克◆黄油85克◆朗姆酒50克 **朗姆糖浆** 水130克◆细砂糖130克◆朗姆酒50克 **收尾** 可可粉适量

---

## 可可蛋糕

将烤箱调至6~7挡、预热至180℃/190℃。

鸡蛋和细砂糖倒入碗中，用电动打蛋器搅拌10分钟。缓缓加入蛋黄，继续搅拌3分钟。面粉和可可粉过筛，倒入打发蛋液中，用橡皮刮刀轻轻上下搅拌。黄油融化，倒入碗中，用橡皮刮刀再次轻轻上下搅拌均匀。用刷子在2个直径18厘米、高4厘米的蛋糕模内涂适量黄油，再撒入适量面粉。将蛋糕模倒置，去除多余面粉。将搅拌均匀的蛋糕糊倒入模具。放入烤箱烤20~24分钟。出炉，脱模，放在烤架上冷却。冷却后，将2个蛋糕都横切成3片等高的蛋糕。

## 松露奶油

牛奶倒入平底锅煮沸。将蛋黄、细砂糖和布丁粉倒入碗中打发。将热牛奶缓缓倒入碗中，快速搅拌。将搅拌均匀的蛋奶酱重新倒回平底锅。继续加热，不断搅拌至蛋奶酱温度达到84℃。关火，加入切块的巧克力、榛子酱和切块的黄油。继续搅拌至奶油温热，加入朗姆酒。

## 朗姆糖浆

将水和细砂糖倒入平底锅煮沸，熬成糖浆。关火，冷却后，加入朗姆酒。

## 收尾

烤盘铺烘焙纸，将2个直径18厘米、高4.5厘米的慕斯圈放入烤盘。为方便脱模，在慕斯圈内壁贴上烘焙纸。将1片可可蛋糕放入慕斯圈底部，再用刷子在蛋糕表面均匀涂第一层朗姆糖浆。

在蛋糕表面涂第1层奶油。放入第2片蛋糕。用刷子在蛋糕表面涂第2层朗姆糖浆。继续倒入第2层奶油。放入第3片蛋糕。用刷子在蛋糕表面涂第3层朗姆糖浆。继续倒入第3层奶油，用抹刀将表面抹平。将2个蛋糕放入冰箱冷藏2小时。从冰箱取出蛋糕，脱模，揭掉烘焙纸。用奶油涂满整个蛋糕，然后在蛋糕侧面划出一圈一圈水波纹路。可可粉过筛，均匀撒在蛋糕表面，即可享用。

# 波士蛋黄酒蛋糕

阿尔蒂尔·德鲁
（Arthur De Rouw）

2个
（各8人份）

准备时间：1小时15分钟
制作时间：1小时20分钟
冷冻时间：约4小时

---

**巧克力慕斯**　蛋黄60克◆细砂糖120克◆水20克◆吉利丁粉4克+水20克◆淡奶油400克◆可可含量为66%的黑巧克力135克　**蛋黄利口酒蛋糕**　吉利丁粉3克+水15克◆淡奶油125克+细砂糖8克◆蛋黄利口酒（波士蛋黄力娇酒）30克+90克◆白兰地15克　**榛子蛋白霜**　蛋白110克+细砂糖110克◆去皮榛子75克+细砂糖75克◆面粉65克◆苦可可粉15克　**杏仁碎黄油蛋糕**　杏仁碎或杏仁粉75克◆赤砂糖75克◆黄油75克◆面粉65克◆苦可可粉12克　**淋面酱**　吉利丁粉10克+水50克◆淡奶油140克◆法芙娜巧克力140克◆白巧克力60克◆纯黑巧克力35克◆细砂糖120克◆葡萄糖糖浆60克　**脆皮**　细砂糖90克◆黄色果胶2克◆黄油40克◆葡萄糖糖浆30克◆杏仁碎110克

---

## 巧克力慕斯

　　蛋黄放入碗中轻轻搅打。将细砂糖和水倒入平底锅加热至119℃，熬成糖浆。立刻将热糖浆缓缓倒入蛋黄液中，不断搅拌至混合物温度降至温热。

　　将吉利丁粉撒入水中。淡奶油打发至呈松软海绵状。将吉利丁液倒入平底锅加热至60℃。黑巧克力切块，放入碗中，隔水加热至50℃。黑巧克力化开后，迅速倒入热牛奶中，搅拌均匀，再将混合物倒回碗中。加入温热的蛋黄糖浆，搅拌均匀。加入打发奶油，再次搅拌均匀。放入冰箱冷藏。

## 蛋黄利口酒蛋糕

　　吉利丁粉撒入水中。淡奶油和细砂糖混合打发至松软海绵状。小火加热30克蛋黄利口酒，再依次加入吉利丁液、剩余的30克蛋黄酒和白兰地。边搅拌边将混合物加热至20℃，然后加入打发奶油。将2个直径为14厘米的慕斯圈放入铺有烘焙纸的烤盘，再将混合物倒入慕斯圈。放入冰箱冷冻2小时左右。

## 榛子蛋白霜

　　缓缓将110克细砂糖倒入蛋白，打发至呈松软海绵状。将去皮榛子切块，和75克细砂糖混合倒入碗中。将面粉和苦可可粉过筛后，倒入盛有榛子块的碗中。混合均匀后，倒入蛋白

霜中，用刮刀上下轻轻搅拌。

将烤箱调至5~6挡、预热至170℃。将榛子蛋白霜倒入套有6号裱花嘴的裱花袋中，然后在铺有烘焙纸的烤盘上，挤出几个直径为14厘米的圆环。放入烤箱烤12分钟左右。出炉后，用平底锅底部将榛子蛋白圈轻轻压扁。

## 杏仁碎黄油蛋糕

赤砂糖和切块的黄油倒入碗中，用刮刀搅拌均匀。依次在碗中加入杏仁粉、面粉和可可粉，搅拌成一个光滑的面团。将烤箱调至5~6挡、预热至160℃。将面团在撒有面粉的工作台上，擀成2.5毫米厚的面饼，然后将面团放入2个直径为16厘米的慕斯圈中。放入烤箱烤18分钟左右。

## 淋面酱

吉利丁粉撒入水中。将淡奶油打发。将所有的巧克力切块，倒入碗中，用隔水加热法化开。当巧克力化开时，将碗取出。将细砂糖和葡萄糖糖浆倒入平底锅加热，熬成色泽明亮的焦糖。将淡奶油缓缓倒入焦糖，用刮刀上、下搅拌至沸腾。沸腾后，依次加入吉利丁液和化开的巧克力。

## 脆皮

将烤箱调至6~7挡、预热至190℃。将细砂糖、黄色果胶、黄油和葡萄糖糖浆倒入平底锅煮沸。沸腾后，加入杏仁碎。将混合物直接倒在大理石台面上，用刮刀将混合物碾至细碎。放入铺有烘焙纸的烤盘上。放入烤箱烤至表面金黄。出炉，待脆皮冷却后，切成小块。

## 收尾

将2个直径为16厘米、高6厘米的慕斯圈放入铺有保鲜膜的烤盘。在慕斯圈底部涂2厘米厚的巧克力慕斯，将蛋黄利口酒蛋糕底部轻轻插入慕斯中。在表面重新薄涂一层巧克力慕斯。将榛子蛋白霜底部轻轻插入慕斯中。将2个杏仁碎黄油蛋糕放在顶部。蛋糕的高度不能高于慕斯圈。将蛋糕放入冰箱冷冻2小时。

从冰箱取出蛋糕，脱模，倒扣在2个烤架上。再将2个烤架并排放入烤盘。小火加热淋面酱至化开。将淋面酱缓缓均匀浇在蛋糕上，整个过程大约需要1分钟。等待淋面酱凝固。

将2块蛋糕分别放入餐盘，用脆皮块均匀铺满蛋糕底部，再按个人喜好装饰蛋糕后，即可享用。

# 开心果草莓蛋糕

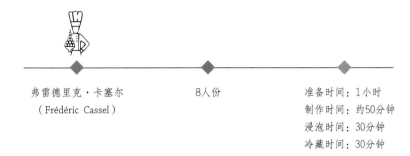

弗雷德里克·卡塞尔
（Frédéric Cassel）

8人份

准备时间：1小时
制作时间：约50分钟
浸泡时间：30分钟
冷藏时间：30分钟

**杏仁蛋糕** 糖粉375克◆杏仁粉375克◆蛋白625克◆细砂糖150克 **开心果卡仕达酱** 全脂牛奶300克◆香草荚1根◆蛋黄48克◆细砂糖75克◆布丁粉27克◆开心果酱12克◆黄油12克 **意式蛋白霜** 细砂糖175克+水53克◆蛋白87克 **黄油酱** 全脂牛奶126克◆蛋黄100克◆细砂糖126克◆化黄油525克◆意式蛋白霜（做法附后）245克 **开心果慕斯** 开心果卡仕达酱220克◆黄油酱（做法附后）500克 **糖酒液** 细砂糖50克◆水45克◆樱桃酒25克 **少糖意式蛋白霜** 细砂糖150克◆水45克◆蛋白100克 **夹心** 中等大小草莓2千克 **组合** 细砂糖适量◆樱桃酒30克 **收尾** 红色黑色混合水果（黑醋栗、草莓、覆盆子、黑莓、蓝莓）◆开心果粉适量

### 杏仁蛋糕

　　糖粉和杏仁粉过筛。蛋白和细砂糖混合，打发至湿性发泡。将糖粉和杏仁粉倒入打发的蛋白中。

　　烤箱调至7挡、预热至210℃。将长60厘米、宽40厘米的模具放入铺有烘焙纸的烤盘。将混合后的面糊倒入模具，用刮刀将表面刮平。放入烤箱烤8分钟。出炉，将杏仁蛋糕放在烤架上冷却。冷却后，分割成2个边长为24厘米的正方形蛋糕。

### 开心果卡仕达酱

　　香草荚剖成两半，去子。香草荚和全脂牛奶一起倒入平底锅加热至沸腾。关火，盖上锅盖，让香草荚在热牛奶中浸泡30分钟。蛋黄、细砂糖和布丁粉倒入另一平底锅混合，再加入热香草牛奶。取出香草荚。中火加热平底锅，持续搅拌至沸腾。沸腾后继续搅拌1~2分钟。关火，迅速将平底锅浸入盛有冰块的冷水中。继续搅拌至混合物温度降至50℃。加入开心果酱和切块的黄油，搅拌均匀。待卡仕达酱完全冷却，将平底锅从冰水中取出。将卡仕达酱倒入碗中，用保鲜膜封口，放入冰箱冷藏。

### 意式蛋白霜

　　将细砂糖和水倒入平底锅加热至121℃。当糖浆温度升至115℃时，开始打发蛋白。蛋白打发至湿性发泡，提起搅拌器时能在搅拌头上形成弯弯的小尖角（不要过度打发）。将121℃的糖浆匀速倒入打发的蛋白中，搅拌至冷却。

## 黄油酱

将全脂牛奶倒入平底锅加热至沸腾。将蛋黄和细砂糖倒入另一口平底锅中，搅拌至发白。将煮沸的牛奶缓缓倒入打发的蛋黄中，快速搅拌。小火加热平底锅，持续搅拌蛋奶酱至85℃，再用电动搅拌器搅拌均匀。关火，将平底锅浸入盛有冰块的冷水中，使蛋奶酱快速冷却。

将化黄油倒入搅拌碗，用搅拌器搅拌20分钟。再加入蛋奶酱，用橡皮刮刀上下轻轻搅拌均匀。

## 开心果慕斯

用搅拌器将220克开心果卡仕达酱搅拌至顺滑。将500克黄油酱倒入搅拌机搅拌2分钟。加入开心果卡仕达酱，继续搅拌2分钟。将开心果慕斯倒入套有10号裱花嘴的裱花袋中。

## 糖酒液

将细砂糖和水倒入平底锅加热至沸腾。冷却后，加入樱桃酒。

## 少糖意式蛋白霜

将细砂糖和水倒入平底锅加热至121℃。当糖浆温度升至115℃时，开始打发蛋白。打

发至湿性发泡，提起搅拌时器能在搅拌头上形成弯弯的小尖角（不要过度打发）。将121℃的糖浆匀速倒入打发的蛋白中，搅拌至冷却。

## 夹心

草莓洗净、沥干、去柄。用刀纵向切成两半。

## 组合

烤盘铺烘焙纸，放入边长为24厘米、高为4.5厘米的方形无底蛋糕模。用醋酸纤维塑料纸包裹蛋糕模。蛋糕模底部放入第1片杏仁蛋糕，倒入樱桃酒。将开心果慕斯倒入套有10号裱花嘴的裱花袋中。将切成两半的草莓依次紧贴在蛋糕模内壁上，切面朝向内壁。用裱花袋将开心果慕斯挤至蛋糕模具1/2高度处。然后将草莓整齐摆放在慕斯表面，撒上细砂糖，喷上适量樱桃酒。最后再挤入剩余慕斯，用抹刀将表面抹平。放入第2片杏仁蛋糕，倒入糖酒液。将草莓蛋糕放入冰箱冷藏30分钟。取出后，在草莓蛋糕表面均匀涂上少糖蛋白霜，用抹刀将表面抹平。最后用烘焙喷枪将蛋白霜表面微微烤至金黄。将草莓蛋糕放入冰箱冷藏，食用时取出。

## 收尾

从冰箱取出草莓蛋糕。脱模后，在表面用混合水果、开心果粉或其他您喜欢的食物进行装饰。即可食用。

## 草莓

我们选用的草莓来自距离我们10千米的一个园艺师家。我们合作了十余年，而今天我见证了第三代草莓的收获。鲜红的草莓预示着寒冬的结束。根据季节的不同，我们选用不同品种的时令草莓。而这款草莓蛋糕，我选择了佳丽格特草莓，因为这个品种的草莓切割面特别漂亮。由于草莓较软，为了最大限度保留它的味道，通常我们会用叉子代替搅拌器来将其碾碎。

# 提拉米苏

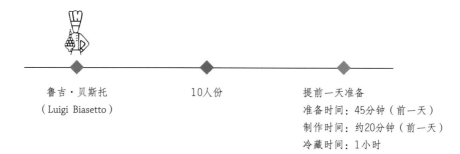

鲁吉·贝斯托
（Luigi Biasetto）

10人份

提前一天准备
准备时间：45分钟（前一天）
制作时间：约20分钟（前一天）
冷藏时间：1小时

---

**手指饼干** 鸡蛋250克◆面粉100克◆土豆淀粉50克◆糖粉125克◆细砂糖适量 **提拉米苏奶油** 鸡蛋250克◆细砂糖150克◆马斯卡彭奶酪500克◆淡奶油250克 **收尾** 意式浓缩咖啡250克◆可可粉适量

---

## 手指饼干

前一天开始准备手指饼干。将烤箱调至6挡、预热至180℃。

将蛋黄和蛋白分离，分别倒入碗中。面粉和土豆淀粉过筛，倒入碗中。将糖粉缓缓加入蛋白，打发至湿性发泡。将蛋黄倒入打发的蛋白中，用橡皮刮刀上下轻轻搅拌，避免打发的蛋白回落。加入面粉和土豆淀粉，上下轻轻搅拌。将混合均匀的面糊倒入套有12号裱花嘴的裱花袋中。烤盘铺上烘焙纸，用裱花袋将面糊挤成若干个10厘米长的长条，注意每2个面糊条之间都要留有距离（或者将面糊倒入硅胶手指饼干模具中）。在手指饼干表面撒上细砂糖，放入烤箱烤15~20分钟。注意观察手指饼干的颜色，颜色不能过深。将手指饼干从烤箱取出，放在烤架上冷却。

## 提拉米苏奶油

将一个碗放入冰箱冷冻备用。鸡蛋和细砂糖倒入另一个碗中混合，打发1分钟。再放入微波炉高温加热2分钟，使温度达到65℃。取出，再次打发至顺滑，倒入冰箱冷冻的备用碗中。加入马斯卡彭奶酪和淡奶油，轻轻搅拌均匀。放入冰箱冷藏1小时。

## 收尾

将意式浓缩咖啡倒入1个深口空盘中。将手指饼干两端在浓缩咖啡中浸泡数秒，然后依次摆放在边长为20厘米、高为4厘米的正方形体蛋糕模底部。用浸有浓缩咖啡的手指饼干将整个模具底部铺满，再倒入1/2提拉米苏奶油，用抹刀将表面抹平。继续铺一层咖啡手指饼干，再倒入剩余1/2提拉米苏奶油。用抹刀将奶油表面抹成不规则波浪形。放入冰箱冷藏至次日。

第二天，将提拉米苏蛋糕从冰箱取出。可可粉过筛，均匀地撒在蛋糕表面，即可享用。

# 草莓夹心脆饼

| 文森特·格尔兰<br>（Vincent Guerlais） | 6人份 | 准备时间：40分钟<br>制作时间：约25分钟 |

**脆饼** 杏仁粉40克◆面粉10克◆细砂糖75克+35克◆蛋白65克 **慕斯酱** 蛋黄40克◆细砂糖75克◆玉米淀粉20克◆牛奶250克◆香草荚2根◆黄油150克 **夹心** 草莓400克 **收尾** 糖粉适量◆草莓3个

## 脆饼

烤箱调至5~6挡、预热至170℃。杏仁粉、面粉和75克细砂糖过筛，直接倒在烘焙纸上。将35克细砂糖缓缓加入蛋白，打发至干性发泡。加入过筛后的杏仁粉、面粉和细砂糖的混合物，用橡皮刮刀上、下轻轻搅拌均匀。将混合物倒入套有8号圆裱花嘴的裱花袋中。烤盘铺烘焙纸，用裱花袋挤出2个直径为18厘米的圆饼。放入烤箱烤15~20分钟。将脆饼从烤箱取出，放在烤架上冷却。

## 慕斯酱

蛋黄、细砂糖和玉米淀粉倒入碗中混合均匀。香草荚剖成两半，去子，和牛奶一起倒入平底锅加热。将热香草牛奶缓缓倒入蛋黄混合物中，搅拌均匀后，将蛋奶酱倒回平底锅，中火煮沸。沸腾后继续加热并持续搅拌2分钟。取出香草荚。关火，冷却。加入切块的黄油，搅拌均匀。将慕斯酱倒入套有8号圆裱花嘴的裱花袋中。将1片脆饼放入餐盘，用裱花袋沿脆饼边缘挤一圈慕斯酱。

## 夹心

草莓洗净、沥干、去柄。用刀将草莓纵向切成两半，依次微微倾斜摆放在慕斯圈上。再用慕斯酱将脆饼中心填满，并在每个草莓间挤出慕斯球。

## 收尾

将第2个脆饼放在草莓和慕斯酱上。将糖粉过筛，均匀地撒在脆饼上。将3个草莓纵向切成两半，放在脆饼表面装饰，即可食用。

# 覆盆子蛋糕

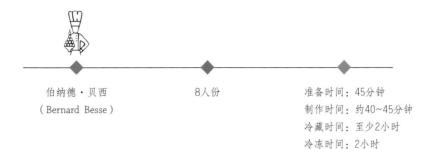

伯纳德·贝西
（Bernard Besse）

8人份

准备时间：45分钟
制作时间：约40~45分钟
冷藏时间：至少2小时
冷冻时间：2小时

---

**覆盆子夹心** 吉利丁片5克◆覆盆子250克◆细砂糖125克◆新鲜覆盆子100克 **覆盆子果胶块** 吉利丁片12克◆水210克◆覆盆子糖浆210克◆红色天然可食用色素3滴 **热内亚蛋糕** 杏仁酱240克◆红色天然可食用色素5滴◆鸡蛋250克◆黄油75克◆面粉45克◆酵母3克 **波利尼亚克杏仁片** 水125克◆细砂糖250克◆杏仁片250克 **香草奶油** 吉利丁片8克◆牛奶220克◆香草荚1个◆蛋黄40克◆细砂糖50克◆白巧克力200克◆淡奶油500克 **糖浆** 水125克◆细砂糖125克◆覆盆子150克◆樱桃酒25克 **收尾** 新鲜覆盆子300克◆开心果适量◆糖粉适量

---

## 覆盆子夹心

吉利丁片放入一大盆冷水中浸泡10分钟。覆盆子和细砂糖倒入平底锅加热，再加入软化、沥干的吉利丁片。混合均匀后，倒入直径为16厘米的圆形硅胶模具中。将新鲜覆盆子均匀地铺在表面，放入冰箱冷冻1小时。

## 覆盆子果胶块

吉利丁片放入一大盆冷水中浸泡10分钟。水、覆盆子糖浆和红色天然可食用色素倒入平底锅加热，无须加热至沸腾。再放入软化、沥干的吉利丁片，轻轻搅拌。不要过度搅拌，以免产生气泡。烤盘铺烘焙纸，放入边长为15厘米的正方形无底蛋糕模。将混合后的覆盆子果胶液倒入模具，放入冰箱冷冻1小时。

从冰箱取出烤盘，覆盆子果胶脱模。用刀将果胶切成3厘米的小方块，放入冰箱冷藏。

## 热内亚蛋糕

烤箱调至8挡、预热至180℃。杏仁酱和红色天然可食用色素倒入搅拌机，再逐个打入鸡蛋。用电动搅拌器打发杏仁酱和蛋液混合物。将黄油用小火化开。待黄油稍稍冷却后，倒入搅拌器。再加入面粉和酵母，搅拌均匀。

烤盘铺烘焙纸，倒入搅拌均匀的蛋糕糊，用抹刀将表面抹平（蛋糕糊高度约为8毫米）。放入烤箱烤10分钟。

## 波利尼亚克杏仁片

烤箱调至5~6挡、预热至160℃。

水和细砂糖倒入平底锅加热，再加入杏仁片。烤盘铺烘焙纸，再将杏仁糖浆倒入烤盘，高度为2~3毫米。放入烤箱烤20分钟。从烤箱取出烤好的杏仁片。冷却后，切成3厘米左右的方块。

## 香草奶油

吉利丁片放入一大盆冷水中浸泡10分钟。香草荚剖成两半，去子，和牛奶一起倒入平底锅加热至沸腾。蛋黄和细砂糖倒入碗中打发至发白。将部分热香草牛奶缓缓倒入打发的蛋黄中，快速搅拌。将香草奶油重新倒回平底锅继续加热，持续搅拌至85℃。取出香草荚。关火，将平底锅移开。加入软化、沥干的吉利丁片。用锯齿刀将白巧克力切块，倒入碗中。加入香草奶油，用电动搅拌器搅拌均匀，自然冷却。打发淡奶油，缓缓倒入冷却的香草奶油中，轻轻搅拌均匀。

## 糖浆

将水和细砂糖倒入平底锅加热至沸腾。依次加入覆盆子和樱桃酒，搅拌均匀。

## 蛋糕组合

将热内亚蛋糕切成1个长18厘米、宽6厘米的长条蛋糕、2个直径为16厘米的圆形蛋糕。将长条蛋糕放入直径为18厘米、高为6厘米的慕斯圈内，贴紧慕斯圈内壁。然后在慕斯圈底部放入第1片圆形蛋糕。用刷子在蛋糕表面涂一层糖浆。从冰箱取出覆盆子夹心。糖浆微微凝固后，在表面涂一层香草奶油，然后将冷冻的覆盆子夹心放在奶油上。继续涂一层香草奶油，然后放入第2片圆形蛋糕。用刷子在蛋糕表面涂一层糖浆。糖浆微微凝固后，在表面继续涂一层香草奶油。用抹刀将表面抹平。放入冰箱冷藏至少2小时。

## 收尾

从冰箱取出蛋糕，脱模。用新鲜覆盆子将蛋糕表面铺满，撒一层薄薄的糖粉。再撒上开心果、覆盆子果胶块和波利尼亚杏仁片，即可食用。

# 竹子

青木斋
（Sadaharu Aoki）

8人份

准备时间：1小时
制作时间：约45分钟
冷藏时间：约2小时20分钟
冷冻时间：30分钟

---

**抹茶杏仁蛋糕片** 鸡蛋170克◆杏仁粉153克◆糖粉153克◆蛋白420克◆细砂糖49克◆面粉35克◆抹茶粉6克◆澄清黄油100克 **抹茶糖浆** 水185克◆细砂糖125克◆樱桃酒60克◆抹茶粉6克 **抹茶黄油酱** 牛奶110克◆香草荚1/2根◆蛋黄65克+细砂糖125克◆水50克+细砂糖150克◆蛋白75克◆黄油450克◆抹茶粉40克 **甘纳许** 脂肪含量为35%的淡奶油600克◆葡萄糖25克◆可可含量为55%的法芙娜厄瓜多尔黑巧克力150克◆黄油10克 **白巧克力喷雾（可选）** 白巧克力70克◆可可脂30克 **抹茶淋面酱** 白巧克力70克◆淡奶油40克◆抹茶粉4克 **镜面巧克力** 黑色镜面巧克力40克 **组合** 细砂糖适量 **收尾** 糖粉适量◆抹茶粉适量

---

## 抹茶杏仁蛋糕片

将烤箱调至7~8挡、预热至220℃。鸡蛋、杏仁粉和糖粉倒入碗中，用搅拌器搅拌至慕斯状，并且体积增大一倍。将细砂糖缓缓加入蛋白中，打发至湿性发泡。将面粉和抹茶粉过筛，倒入鸡蛋杏仁粉混合物中，轻轻搅拌。再将上述混合物倒入打发的蛋白中。加入澄清黄油，轻轻搅拌均匀。取2个长40厘米、宽30厘米的烤盘铺烘焙纸，再将蛋糕面糊均匀地倒入烤盘，用曲柄抹刀将表面抹平。放入烤箱烤8~10分钟。从烤箱取出蛋糕，倒扣在烤架上，撕掉烘焙纸。蛋糕冷却后，切成4个长30厘米、宽20厘米的蛋糕片。

## 抹茶糖浆

将水和细砂糖倒入平底锅加热至沸腾。关火、冷却。加入樱桃酒和抹茶粉，搅拌至抹茶粉完全溶解在糖浆中。

## 抹茶黄油酱

香草荚剖成两半，去子。和牛奶一起倒入平底锅加热至沸腾。将蛋黄和125克细砂糖倒入碗中搅拌均匀。再缓缓加入热牛奶，快速搅拌均匀。将蛋黄牛奶混合物重新倒回平底锅，再次加热，不断搅拌至温度达到85℃。取出香草荚。将香草蛋奶酱倒入搅拌器，搅拌至完全冷却。

水和150克细砂糖倒入平底锅加热至118℃。

将热糖浆缓缓倒入蛋白，打发至湿性发泡。黄油切块，倒入冷却的香草蛋奶酱中搅拌均匀。再将混合物缓缓倒入打发的蛋白中。最后加入抹茶粉，搅拌均匀。

## 甘纳许

淡奶油和葡萄糖倒入平底锅加热至沸腾。巧克力切块，倒入碗中。分3次将热奶油缓缓倒入法芙娜厄瓜多尔黑巧克力块中，并不断从中心向外画圈搅拌。当巧克力奶油温度降至40℃时，加入黄油。用保鲜膜将碗封口，放入冰箱冷藏至甘纳许呈奶油状。

## 白巧克力喷雾

将白巧克力和可可脂分别切块，分别加热至40℃融化。再将融化的白巧克力和融化的可可脂混合，搅拌均匀，倒入喷枪或喷雾器中。

## 抹茶淋面酱

白巧克力切块，倒入碗中。淡奶油加热至沸腾，分3次缓缓倒入巧克力块中，并不断从中心向外画圈搅拌。加入抹茶粉，搅拌均匀。

## 镜面巧克力

小火加热黑色镜面巧克力至化开。

## 组合

将化开的黑色镜面巧克力涂在第1片杏仁蛋糕上，再撒上细砂糖。放入冰箱冷藏10分钟。烤盘铺烘焙纸，将30厘米×20厘米的长方形金属无底蛋糕模放入烤盘。从冰箱取出蛋糕，放入模具中，巧克力面朝下。用刷子将1/4抹茶糖浆涂在蛋糕上。糖浆微微凝固后，将1/2甘纳许涂在糖浆上。继续放入第2片杏仁蛋糕，用刷子将1/4抹茶糖浆涂在蛋糕上。糖浆微微凝固后，将1/2抹茶奶油涂在糖浆上。放入第3片杏仁蛋糕，用刷子将1/4抹茶糖浆涂在蛋糕上。糖浆微微凝固后，将剩余1/2甘纳许涂在糖浆上。最后放入第4片杏仁蛋糕，用刷子将剩余1/4抹茶糖浆涂在蛋糕上。糖浆微微凝固后，将剩余1/2抹茶奶油涂在糖浆上。将蛋糕放入冰箱冷冻30分钟。

## 收尾

从冰箱取出蛋糕，脱模。若有喷枪或喷雾器，可将白巧克力喷满整个蛋糕表层。将抹茶淋面酱加热至40℃，用勺子将淋面酱均匀涂满整个蛋糕。按照个人喜好，随意撒上过筛的糖粉和抹茶粉。放入冰箱冷藏2小时，即可食用。

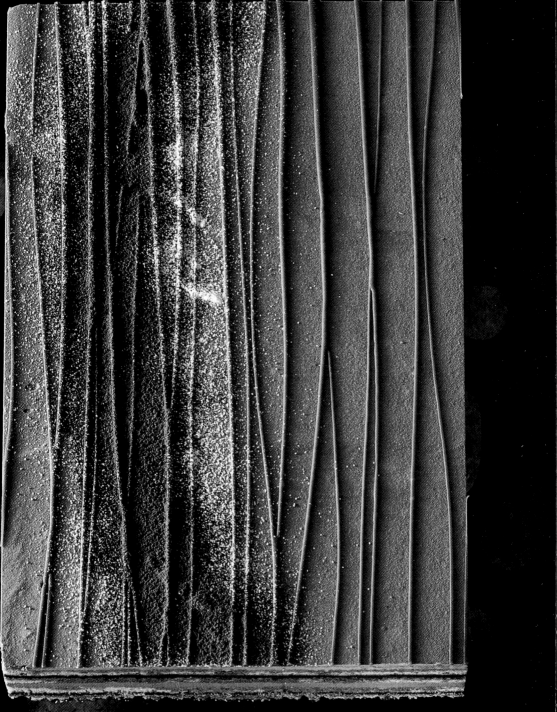

# 伊斯帕罕玫瑰马卡龙

皮埃尔·埃尔梅　　　　　6~8人份　　　　　提前1周准备
（Pierre Hermé）　　　　　　　　　　　　　准备时间：5分钟（5~7天前）
　　　　　　　　　　　　　　　　　　　　　　　　　　　45分钟（前一天）
　　　　　　　　　　　　　　　　　　　　　　　　　　　5分钟（当天）
　　　　　　　　　　　　　　　　　　　　　制作时间：约40分钟（前一天）
　　　　　　　　　　　　　　　　　　　　　晾干时间：30分钟（前一天）
　　　　　　　　　　　　　　　　　　　　　冷藏时间：5~7天（液化蛋白）
　　　　　　　　　　　　　　　　　　　　　　　　　　　+24小时

---

**液化蛋白** 液化蛋白110克 **玫瑰马卡龙酥饼** 糖粉125克◆杏仁粉125克◆胭脂红可食用色素约2克◆矿泉水35克◆细砂糖125克◆液化蛋白110克（做法附后）**夹心** 荔枝罐头300克（沥干后约150克）◆新鲜覆盆子300克 **意式蛋白霜** 矿泉水35克◆细砂糖125克+5克（打发蛋白）◆蛋白65克 **英式蛋奶酱** 冰块适量全脂牛奶90克◆蛋黄70克◆细砂糖40克 **玫瑰奶油霜** 黄油450克◆可食用玫瑰香精（可食用）5克◆玫瑰糖浆30克◆意式蛋白霜175克（做法附后）**收尾** 葡萄糖糖浆（或苹果果冻）适量◆新鲜玫瑰花瓣5片◆新鲜覆盆子3个

---

## 液化蛋白

　　提前5~7天开始准备。将液化蛋白均匀倒入2个碗中，用保鲜膜封口。再用刀在保鲜膜上扎几个小孔。放入冰箱冷藏5~7天。

## 玫瑰马卡龙酥饼

　　制作马卡龙的前一天，将糖粉和杏仁粉过筛，倒入碗中。从冰箱取出1份液化蛋白，加入胭脂红可食用色素，搅拌均匀。再将液化蛋白倒入糖粉和杏仁粉中，再次搅拌均匀。

　　矿泉水和细砂糖倒入平底锅加热至118℃。

　　当糖浆温度升至115℃时，从冰箱取出另1份液化蛋白开始打发，打发至湿性发泡。将118℃的热糖浆缓缓倒入打发蛋白中，继续搅拌。当蛋白糖浆的温度冷却至50℃时，倒入杏仁粉中，搅拌成均匀的面糊。将面糊倒入套有11号裱花嘴的裱花袋中。用铅笔在烘焙纸上画出2个直径20厘米的圆形，再将烘焙纸铺在烤盘上。用裱花袋将面糊从圆形中心开始挤出，螺旋式向外画圈，直到将烘焙纸上2个圆形轮廓填满。

　　将烤盘在铺有厨房蒸笼布的工作台上轻

震,去除面糊中的气泡。将面团在室温下醒发至少30分钟。

将烤箱调至6挡、预热至180℃。

放入烤箱烤20~25分钟,其间两次快速打开烤箱门,减少烤箱内蒸汽。

从烤箱取出马卡龙酥饼,放在烤架上冷却。

## 夹心

荔枝罐头沥干,将每个荔枝都切成4块。将荔枝块放在多张吸水纸上干燥,尽可能减少荔枝的水分。将新鲜覆盆子洗净、备用。

## 意式蛋白霜

矿泉水和125克细砂糖倒入平底锅加热至121℃。当糖浆温度达到115℃时,将5克细砂糖缓缓加入蛋白中,打发至湿性发泡,提起搅拌器时可在搅拌头上形成一个尖角。将热糖浆缓缓倒入打发蛋白中,中速搅拌至蛋白霜完全冷却。至少需要175克意式蛋白霜备用。

## 英式蛋奶酱

将冰块和水倒入一个大盆中。全脂牛奶倒入平底锅加热至沸腾。蛋黄和细砂糖倒入另一个平底锅打发至发白。将热牛奶缓缓倒入打发蛋黄中,快速搅拌。小火加热平底锅,持续搅拌至蛋奶温度达到85℃(鸡蛋含量越多,蛋奶酱就越易粘锅)。关火,用电动搅拌器打发蛋奶。后将平底锅浸入盛有冰块的水中,继续搅

拌使蛋奶酱快速冷却。

## 玫瑰奶油霜

黄油倒入搅拌器搅拌5分钟。加入英式蛋奶酱、可食用玫瑰香精和玫瑰糖浆,再次搅拌。将混合物倒入碗中,缓缓加入175克意式蛋白霜,轻轻搅拌均匀。最后将玫瑰奶油霜倒入套有10号圆裱花嘴的裱花袋中。

## 组合

将第1片马卡龙酥饼倒置放入餐盘。用裱花袋沿着马卡龙酥饼边缘挤出一圈玫瑰奶油霜,边缘留1厘米左右的距离。再将覆盆子依次摆放在预留的边缘处。继续用裱花袋以画圈的方式在马卡龙酥饼上挤出两个圆形,中间留一定距离放入沥干的荔枝块。再用裱花袋以螺旋状画圈方式、由外而外用玫瑰奶油将马卡龙酥饼剩余空间填满。盖上另1片马卡龙酥饼,轻轻压紧。用保鲜膜包裹马卡龙,放入冰箱冷藏至次日。

## 收尾

当天,提前2小时从冰箱取出伊斯法罕玫瑰马卡龙。将锡纸卷成羊角状,倒入葡萄糖或苹果果冻。将葡萄糖糖浆或苹果果冻滴1滴在每一片玫瑰花瓣上,呈露水状。将玫瑰花瓣依次摆放在马卡龙上。最后放上新鲜覆盆子装饰,即可食用。

# 心醉神迷

丹尼斯·马蒂亚斯　　　　2个　　　　提前一天准备
（Denis Matyasy）　　　（各6人份）　　准备时间：15分钟（前一天）
　　　　　　　　　　　　　　　　　　　　　　　约1小时（当天）
　　　　　　　　　　　　　　　　　　　制作时间：约5分钟（前一天）
　　　　　　　　　　　　　　　　　　　　　　　约2小时20分钟（当天）
　　　　　　　　　　　　　　　　　　　冷藏时间：2×12小时+2小时

---

**草莓果酱** 细砂糖75克+NH果胶9克◆草莓300克+细砂糖75克◆葡萄糖90克　**草莓甘纳许** 法芙娜伊芙瓦（Ivoire）巧克力（或白巧克力）60克◆草莓45克◆葡萄糖5克◆细砂糖5克◆脂肪含量为35%的淡奶油115克　**甜蛋糕坯** 化黄油300克◆杏仁粉63克◆糖粉187克◆鸡蛋120克◆面粉500克+适量（用于工作台）◆红糖适量 **柠檬潘趣酒** 水100克◆细砂糖135克◆柠檬汁200克 **柠檬蛋糕** 黄油46克+适量（涂抹模具）◆鸡蛋148克◆细砂糖188克◆柠檬果皮2克◆面粉146克◆酵母3克◆细盐1克◆脂肪含量为35%的淡奶油80克　**香豆甘纳许** 法芙娜伊芙瓦巧克力（或白巧克力）410克◆脂肪含量为35%的淡奶油300克+777克◆葡萄糖33克◆细砂糖33克◆零陵香豆碎6克 **法式蛋白霜** 蛋白100克◆细砂糖100克◆糖粉100克 **红色巧克力圈和绿色巧克力小圆饼** 法芙娜伊芙瓦巧克力（或白巧克力）100克+天然可食用草莓红色素3滴◆法芙娜伊芙瓦（Ivoire）巧克力（或白巧克力）50克+天然可食用草绿色素2滴 **收尾** 塑料装饰花或玛格丽特7朵◆红醋栗1串

---

## 草莓果酱

　　提前一天准备。将75克细砂糖和NH果胶搅拌均匀。将草莓、75克细砂糖和葡萄糖倒入平底锅加热至沸腾，加入细砂糖果胶混合物。将草莓果酱再次煮至沸腾，关火。冷却后放入冰箱冷藏至次日。

## 草莓甘纳许

　　将法芙娜伊芙瓦巧克力切块，倒入碗中。

将草莓、葡萄糖和细砂糖倒入平底锅煮至沸腾，分3次倒入巧克力块中，并不断由中心向外螺旋画圈方式搅拌。加入凉的淡奶油，轻轻搅拌均匀。将草莓甘纳许倒入深口盘，用保鲜膜封口。放入冰箱冷藏至次日。

　　制作当天，从冰箱取出草莓甘纳许，用电动搅拌器搅拌。再倒入12个35毫米长的硅胶香肠状模具中。放入冰箱冷冻。

## 甜蛋糕坯

将化黄油、杏仁粉和糖粉倒入搅拌机搅拌均匀。加入鸡蛋，再次搅拌。加入面粉搅拌均匀。将面团放入冰箱冷藏至少2小时。

将烤箱调至5~6挡、预热至160℃。从冰箱取出冷藏的面团，在撒有面粉的工作台上，将面团擀成3毫米厚的面饼。将面饼切成2个直径为18厘米的圆饼。在圆饼表面均匀地撒上红糖。烤盘铺烘焙纸，将面饼放入烤盘。放入烤箱烤30分钟左右。

## 柠檬潘趣酒

将水和细砂糖倒入平底锅煮至沸腾，熬成糖浆。再加入柠檬汁，搅拌均匀。

## 柠檬蛋糕

将烤箱调至5挡、预热至150℃。黄油加热至40度。用打蛋器将鸡蛋、细砂糖和柠檬果皮搅拌均匀。依次加入面粉、酵母和细盐混合物，淡奶油和黄油。在2个直径为18厘米、高2厘米的圆形铝制蛋糕模内壁涂适量黄油。从冰箱取出原形面饼，放入模具。放入烤箱烤13分钟。出炉，立刻脱模，浸入柠檬潘趣酒中。

## 香豆甘纳许

法芙娜伊芙瓦巧克力切块，倒入碗中。将300克淡奶油、葡萄糖和细砂糖倒入平底锅加热至沸腾。加入零陵香豆碎。将热奶油分3次缓缓倒入巧克力块中，同时由中心向外螺旋画圈搅拌。再加入777克淡奶油，搅拌均匀。用保鲜膜将碗封口，放入冰箱冷藏。

## 法式蛋白霜

将烤箱调至3~4挡、预热至100℃。将细砂糖缓缓加入蛋白中，打发至湿性发泡，提起搅拌器时能在搅拌头上形成一个尖角。加入糖粉。将蛋白霜倒入套有12号裱花嘴的裱花袋中。在烤盘铺烘焙纸，用裱花袋将蛋白霜在烤盘上挤出一个个水珠形小球。放入烤箱烤1小时30分钟。

## 红色巧克力圈和绿色巧克力小圆饼

将两份巧克力进行调温（具体做法见第310页）后分别加入天然可食用草莓红色素、以及天然可食用草绿色色素。用刮刀将红色巧克力平整铺在一张塑料膜上。用同样的方法将绿色巧克力铺在另一张塑料膜上。常温下凝固。将红色巧克力板切成2块长18~19厘米、宽4.5厘米的长方形巧克力，然后放入相同尺寸的模具中。将绿色巧克力用圆形压花器切成直径3.5厘米的圆形巧克力。

## 收尾

红醋栗串洗净、沥干、摘下果粒。用电动搅拌器搅拌香豆甘纳许，然后倒入套有12号裱花嘴的裱花袋中。将甜蛋糕坯放入直径为18厘米、高4.5厘米的慕斯圈中。用刮刀在蛋糕表面薄涂一层草莓果酱，再涂一层香豆甘纳许。放入柠檬蛋糕，在柠檬蛋糕表面涂一层香豆甘纳许。继续薄涂一层草莓果酱，再涂一层香豆甘纳许。最后在表面均匀摆放香肠状草莓甘纳许、蛋白霜球、绿色巧克力小圆饼、塑料装饰花和红醋栗。蛋糕脱模，用红色巧克力长条包裹蛋糕。用同样的方法制作另一块蛋糕。最后将蛋糕放入冰箱冷藏至少2小时，食用时取出即可。

# 樱桃诱惑

| 克莱尔·达蒙<br>（Claire Damon） | 2个<br>（各4人份） | 提前一天准备 |
| --- | --- | --- |

准备时间：20分钟（前一天）
　　　　　1小时30分钟（当天）

制作时间：10分钟（前一天）
　　　　　约1小时（当天）

冷藏时间：12小时

冷冻时间：1小时

浸渍时间：12小时

---

**糖渍樱桃** 樱桃250克◆细砂糖27克+5克◆吉利丁片6克◆玉米粉4克 **卡仕达酱** 全脂纯牛奶100克◆马达加斯加香草荚1根◆蛋黄19克◆细砂糖19克◆玉米淀粉7克◆面粉2克 **樱桃香缇奶油** 吉利丁片2.5克◆淡奶油160克+脂肪含量为35%的冷冻淡奶油150克◆细砂糖32克◆樱桃酒16克 **红糖脆饼** 黄油168克◆红糖168克◆面粉36克◆杏仁粉126克◆盐之花1克 **杏仁奶油** 黄油150克◆细糖粉150克◆杏仁粉150克◆鸡蛋150克 **黄油酱** 牛奶150克◆蛋黄98克◆细砂糖123克◆黄油469克 **香草慕斯** 黄油酱250克◆卡仕达酱120克 **红色淋面酱** 牛奶105克◆葡萄糖2克◆细砂糖57克◆NH果胶3克+细砂糖8克◆淋面酱25克◆天然无氮红色色素1克 **收尾** 欧洲大樱桃4个◆开心果8个

---

### 糖渍樱桃（制作过程的前半部分）

提前一天准备。将樱桃洗净、去皮、去核、沥干。和27克细砂糖倒入碗中，搅拌均匀。保鲜膜封口，放入冰箱冷藏至次日。

### 卡仕达酱

香草荚剖成两半，去子。和全脂纯牛奶一起倒入平底锅加热至沸腾。关火，冷却后放入冰箱冷藏至次日。

### 樱桃香缇奶油

将160克淡奶油加热。加入预先软化的吉利丁片和细砂糖。再加入150克冷冻淡奶油和樱桃酒。搅拌均匀。放入冰箱冷藏至次日。

### 糖渍樱桃（制作过程的后半部分）

当天，将糖渍樱桃倒入平底锅，加热至沸腾。将5克细砂糖和玉米淀粉搅拌均匀，倒入加热至30℃的糖渍樱桃中。再次沸腾后，继续加热3分钟。关火，加入预先软化的吉利丁片，轻轻搅拌。将130克混合物分别倒入4个直径14厘米的圆形模具中。放入冰箱冷冻1小时。

### 红糖脆饼

烤箱调至5~6挡、预热至170℃。将黄油和红糖倒入搅拌器搅拌均匀。加入面粉、杏仁粉和盐之花，搅拌成均匀的面团。将面团放在2张保鲜膜中，擀成面饼。烤盘铺烘焙纸，将长40厘米、宽30厘米的蛋糕模具放入烤盘。再将擀好的面饼放入模具。放入烤箱烤17分钟。

### 杏仁奶油

黄油打发至慕斯状。加入细糖粉和杏仁粉，轻轻搅拌。再依次加入鸡蛋，每加入一个鸡蛋搅拌一次，搅拌均匀后再加入一个鸡蛋。将杏仁奶油均匀涂在红糖脆饼表面。放入烤箱烤10分钟。出炉，冷却后切成2个直径为16厘米的圆形。

### 黄油酱

牛奶倒入平底锅煮沸。蛋黄和细砂糖倒入碗中打发至慕斯状。缓缓将热牛奶倒入打发的鸡蛋中，轻轻搅拌。将蛋奶酱重新倒回平底锅，加热至83℃。将黄油倒入搅拌器，搅拌至顺滑。再将冷却至25℃的蛋奶酱倒入黄油中，搅拌均匀。

### 卡仕达酱（制作过程的前半部分）

从冰箱取出香草牛奶，倒入平底锅煮沸。取出香草荚。将蛋黄、细砂糖、玉米淀粉和面粉一起打发至起泡。将热牛奶缓缓倒入上述混合物中，不断搅拌。将搅拌均匀的卡仕达酱重新倒回平底锅，边加热边搅拌。当卡仕达酱开始冒泡，将平底锅从火上移开。将卡仕达酱搅拌至顺滑，再次加热平底锅，使卡仕达酱沸腾3分钟。关火，将卡仕达酱倒入碗中。直接用保鲜膜封口。放入冰箱冷却。

### 香草慕斯

从冰箱取出冷却的卡仕达酱，搅拌至顺滑。黄油酱倒入搅拌器，拌至顺滑。加入卡仕达酱。搅拌均匀后，倒入套有10号裱花嘴的裱花袋中。

### 樱桃香缇奶油（后续步骤）

将前一天备好的樱桃香缇奶油打发，倒入套有10号裱花嘴的裱花袋内。

### 红色淋面酱

将牛奶、葡萄糖和57克细砂糖倒入平底锅加热至30℃。加入NH果胶和细砂糖。继续加热至沸腾，沸腾后继续加热30秒。关火。加入预先融化的淋面酱和天然无氮红色色素。

### 红色蛋糕坯和白色蛋糕坯

先准备红色蛋糕坯。烤箱铺烘焙纸，将2个直径为18厘米、高2厘米的无底蛋糕模放入烤盘。用裱花袋在模具底部挤一层樱桃香缇奶油。从冰箱取出2份糖渍樱桃，脱模，放入模具中。继续挤一层樱桃香缇奶油，用抹刀将表面抹平。再将蛋糕模放入冰箱冷冻1小时以上。从冰箱取出模具，放在烤架上。再将30℃的红色淋面酱浇在2个蛋糕上。

接下来制作白色蛋糕坯。烤盘铺烘焙纸，

将2个直径为18厘米、高2厘米的无底圆形蛋糕模放入烤盘。用裱花袋在模具底部挤一层香草慕斯。从冰箱取出剩余的2份糖渍樱桃，脱模，放入模具中。继续挤一层香草慕斯。最后用抹刀将表面抹平。

**收尾**

将红色蛋糕坯放在白色蛋糕坯上。用樱桃和开心果装饰蛋糕。再将蛋糕放入冰箱冷藏2小时。食用时，提前45分钟从冰箱取出蛋糕，常温下回温。

# 热辣

| 帕斯卡·杜普伊<br>（Pascal Dupuy） | 2个<br>（各8人份） | 准备时间：45分钟<br>制作时间：约40分钟<br>冷冻时间：3小时<br>冷藏时间：2小时 |
| --- | --- | --- |

**巧克力蛋糕** 糖粉45克◆面粉80克◆可可粉7克◆细盐1克◆酵母3克◆鸡蛋80克◆牛奶20克◆黄油75克 **辣椒奶油酱** 可可含量为33%的法芙娜塔那里瓦（Tanariva）牛奶巧克力60克◆可可含量为70%的法芙娜圭亚那（Guanaja）黑巧克力50克◆淡奶油100克◆牛奶100克◆墨西哥红辣椒酱10克◆蛋黄40克◆细砂糖20克 **黑巧克力慕斯** 可可含量为70%的法芙娜圭亚那（Guanaja）黑巧克力300克◆淡奶油100克+600克◆全脂牛奶100克◆蛋黄50克◆细砂糖75克 **巧克力淋面** 吉利丁片4克◆可可粉20克◆可可含量为100%的纯黑巧克力20克◆镜面巧克力20克◆细砂糖85克◆水60克◆苹果果冻120克 **收尾** 墨西哥小红椒2个

## 巧克力蛋糕

将烤箱调至8挡、预热至240℃。将糖粉、面粉、可可粉、细盐、酵母和鸡蛋倒入搅拌器搅拌3分钟，倒入碗中。

牛奶和黄油倒入平底锅加热至40℃，倒入上述混合物中，搅拌均匀。烤盘底部和四周放烘焙纸，将蛋糕糊倒入烤盘。用抹刀将表面抹平。面糊高度约0.5厘米。放入烤箱烤7分钟。出炉，待巧克力蛋糕冷却后，切成2个直径为18厘米的圆形蛋糕。烤盘换烘焙纸，将2个直径18厘米、高4.5厘米的慕斯圈放入烤盘。再将2个巧克力蛋糕分别放入慕斯圈中。

## 辣椒奶油酱

将2种巧克力切块，倒入碗中。将淡奶油、牛奶和墨西哥红辣椒酱一起倒入平底锅加热至沸腾。将蛋黄和细砂糖一起打发。再将热牛奶缓缓倒入打发的蛋黄中，快速搅拌。将混合物重新倒回平底锅。小火加热，持续搅拌至温度达到82℃。将搅拌均匀的辣椒蛋奶酱缓缓倒入巧克力块中，用电动搅拌器进行搅拌。烤盘铺烘焙纸，放入2个直径为18厘米的慕斯圈。当辣椒奶油酱温度降到30℃时，倒入慕斯圈内。放入冰箱冷冻1小时。

## 黑巧克力慕斯

将法芙娜圭亚那巧克力切块，倒入碗中。将100克淡奶油和全脂牛奶倒入平底锅加热至沸腾。将蛋黄和细砂糖一起打发。将煮沸的牛奶缓缓倒入打发的蛋黄中，快速搅拌。之后，再将混合物重新倒回平底锅。小火加热，不断搅拌至温度达到82℃。将搅拌均匀的蛋奶酱倒入巧克力块中，用电动搅拌器进行搅拌。

将600克淡奶油打发。当巧克力蛋奶温度降至50℃时，加入打发的淡奶油，用橡皮刮刀上下搅拌均匀。再将搅拌均匀的巧克力慕斯倒入放有巧克力蛋糕的慕斯圈中，倒至慕斯圈高度约三分之一处。从冰箱取出冷冻成型的辣椒酱，脱模，放入慕斯圈内。最后在表面涂上剩余巧克力慕斯。用抹刀将慕斯表面抹平。放入冰箱冷冻2小时。

## 巧克力淋面

吉利丁片放入水中，浸泡15分钟。将可可粉、切成块的纯黑巧克力和镜面巧克力倒入平底锅。将细砂糖、水和苹果泥倒入另一平底锅，加热至沸腾。将混合物倒入第一个平底锅，搅拌均匀后，加热至105℃。关火，加入软化、沥干的吉利丁片，轻轻搅拌。

## 收尾

将烤架放入烤盘。从冰箱取出蛋糕，放在烤架上。巧克力淋面加热至40℃，然后浇在蛋糕上。用刮刀去除多余部分。将1个小红辣椒放在蛋糕表面装饰。将蛋糕放入冰箱冷藏2小时，食用时取出即可。

# 早安蛋糕

塞德里特·佩内特
（Cédric Pernot）

2个
（各6人份）

准备时间：1小时30分钟
制作时间：约1小时10分钟
冷藏时间：5小时
冷冻时间：2小时

---

**白巧克力甘纳许** 法芙娜伊芙瓦（Ivoire）白巧克力（或其他白巧克力）28克◆黄柠檬果皮2克◆脂肪含量为35%的淡奶油24克+57克◆细砂糖10克 **布列塔尼酥饼** 黄油75克◆糖粉50克◆细盐1克◆鸡蛋30克◆面粉140克◆酵母5克 **达克瓦兹** 糖粉70克◆杏仁粉91克◆蛋白91克◆细砂糖23克 **卡曼橘奶油酱** 吉利丁粉1克+水5克◆蛋黄10克◆细砂糖20克◆土豆淀粉3克◆含糖量为10%的卡曼橘汁65克◆黄油23克 **柠檬凝胶** 吉利丁粉1克+冷水5克◆柠檬汁30克◆细砂糖5克 **芒果箭叶橙慕斯** 吉利丁粉6克◆冷水30克◆含糖量为10%的芒果果肉225克◆箭叶橙果皮1/8个◆细砂糖12克◆脂肪含量为33%的淡奶油170克 **浓缩芒果果肉** 芒果果肉75克 **酥球** 黄油48克◆红糖48克◆杏仁粉48克◆面粉44克 **收尾** 淋面酱（小袋装）48克◆柠檬黄可食用色素几滴◆塑料装饰小花12朵

---

## 白巧克力甘纳许

将法芙娜伊芙瓦白巧克力切块，和黄柠檬果皮一起倒入碗中。将24克淡奶油和细砂糖倒入平底锅加热至沸腾。将热奶油分3次缓缓倒入碗中，并由中心向外螺旋状画圈搅拌。再加入57克淡奶油，轻轻搅拌后，放入冰箱冷藏5小时。从冰箱取出奶油，用电动搅拌器打发。将打发奶油倒入套有8号锯齿状裱花嘴的裱花袋中。放入冰箱冷藏。

## 布列塔尼酥饼

将黄油、糖粉和细盐倒入搅拌器搅拌。加入鸡蛋，再次搅拌。再加入面粉和酵母，高速搅拌成光滑的面团。将烤箱调至5~6挡、预热至175℃。将面团擀成4毫米厚的面饼。烤盘铺烘焙纸，将擀好的面团放入烤盘。借助慕斯圈，将擀好的面饼切出1个直径20厘米的圆形面饼。再将直径8厘米的圆形压花器放在圆形面饼中间，将圆形面饼中间掏空。将直径20厘米的圆环放入烤箱烤12分钟。出炉，放在烤架上冷却。

## 达克瓦兹

将糖粉和杏仁粉过筛。将细砂糖缓缓倒入

蛋白，开始打发蛋白。当蛋白打发至呈现清晰的纹路时，将糖粉和杏仁粉倒入蛋白中，用刮刀轻轻上下搅拌，搅拌成光滑的面团。将烤箱调至5~6挡、预热至170℃。将面团擀成10毫米厚的长方形。烤盘铺烘焙纸，放入擀好的面团。放入烤箱烤20分钟。出炉，待达克瓦兹冷却后，切成直径为6厘米的圆饼。

## 卡曼橘奶油酱

将吉利丁粉倒入冷水。蛋黄和细砂糖倒入碗中，搅拌均匀。加入土豆淀粉，轻轻搅拌。卡曼橘汁倒入平底锅，加热至沸腾。再将蛋黄淀粉混合物和吉利丁液倒入卡曼橘汁中，轻轻搅拌，再次煮沸。关火，待其冷却至45℃时，加入黄油，用电动搅拌器搅拌均匀。将卡曼橘奶油酱倒入12个直径为4厘米的半球形硅胶模具中。放入冰箱冷藏。

## 柠檬凝胶

将吉利丁粉倒入冷水。柠檬汁和细砂糖倒入平底锅加热至40℃，再加入吉利丁液，轻轻搅拌。待其冷却后，均匀倒入盛有奶油酱的半球形模具中。将模具放入冰箱冷冻。

## 芒果箭叶橙慕斯

吉利丁粉倒入冷水中。芒果果肉倒入平底锅加热至30℃。加入吉利丁液、细砂糖和箭叶橙果皮。关火，使其冷却至18℃。淡奶油打发后，倒入平底锅，轻轻搅拌。

## 浓缩芒果果肉

将芒果果肉制成50克浓缩果肉。

## 酥球

用手指将切块的黄油、红糖、杏仁粉和面粉搅拌均匀，搅拌成1~2厘米的小圆球。

将烤箱调至5~6挡、预热至160℃。

烤盘铺烘焙纸，将小圆球放入烤盘。放入烤箱烤15分钟左右，烤至酥球表面呈琥珀色即可。

## 收尾

将20克芒果箭叶橙慕斯均匀倒入12个直径为6厘米的硅胶半球形模具。从冰箱取出卡曼橘奶油酱，脱模。将半球形卡曼橘奶油酱放入模具中。再用裱花袋挤入15克芒果箭叶橙慕斯。用抹刀将表面抹平。放入达克瓦兹。放入冰箱冷冻2小时。

按照包装袋上的说明加热淋面酱。再加入几滴柠檬黄色可食用色素。从冰箱取出半球形模具，脱模，放在烤盘内的烤架上。将加热后的淋面酱均匀浇在达克瓦兹上。

将12个黄色镜面半球形蛋糕依次摆放在布列塔尼酥饼上。用裱花袋在每个半球形蛋糕间挤入白巧克力甘纳许。将浓缩芒果果肉倒入裱花袋。在黄色镜面蛋糕顶部挤少许芒果果肉，再将塑料装饰小花放在果肉上。最后将酥球摆放在蛋糕四周装饰。将蛋糕放入冰箱冷藏，食用时取出。

# 金砖蛋糕

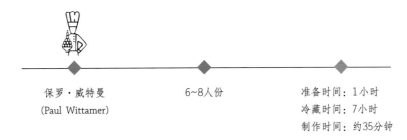

保罗·威特曼
(Paul Wittamer)

6~8人份

准备时间：1小时
冷藏时间：7小时
制作时间：约35分钟

---

**千层酥皮** 面粉450克◆水200克◆块状黄油70克+90克◆细盐9克 **卡仕达酱** 牛奶500克◆香草荚1/2根◆蛋黄80克◆细砂糖85克◆玉米淀粉27克 **英式蛋奶酱** 脂肪含量为35%的淡奶油200克◆卡仕达酱（具体做法附后）100克 **蛋白霜** 蛋白250克◆细砂糖375克 **夹心** 面粉适量（用于工作台）◆混合水果（菠萝块、木瓜块、猕猴桃块、覆盆子、桑葚、黑醋栗和蓝莓）300克◆草莓500克 **收尾** 糖粉适量◆覆盆子果酱（自选）适量

---

## 千层酥皮

将面粉、水、70克切块黄油和细盐一起倒入碗中混合，揉成面团。注意不要过度揉面。保鲜膜封口，放入冰箱冷藏2小时。

提前15分钟从冰箱取出面团。在工作台撒适量面粉，将面团擀成30厘米的正方形。将90克黄油擀成厚度1厘米的正方形，放在正方形面团上。将正方形面团沿着黄油边向内折叠，包裹黄油，折成一个小正方形。将小正方形旋转90度，擀成长方形，再折三折。放入冰箱冷藏1小时。接下来重复2次以下操作：从冰箱取出面团，沿着面团折叠的反方向，将面团擀成长方形，再折三折，放入冰箱冷藏1小时。

## 卡仕达酱

香草荚剖成两半，去子。和牛奶一起倒入平底锅加热至沸腾。将蛋黄和细砂糖倒入碗中快速打发，再加入玉米淀粉。将热牛奶缓缓倒入打发的蛋黄中，再次快速打发。将打发后的蛋奶重新倒回平底锅，边加热边搅拌。沸腾后继续加热1分钟。关火，取出香草荚。将卡仕达酱倒入碗中，用保鲜膜封口。常温冷却。

## 英式蛋奶酱

淡奶油打发至干性发泡，加入100克冷却的卡仕达酱，轻轻搅拌均匀。

## 蛋白霜

分3次将细砂糖倒入蛋白，打发蛋白至湿性发泡。注意每次加入细砂糖后都要确保其完全融化。

## 夹心

在将千层酥皮放入烤箱前，从冰箱取出面团，再次重复2次以下操作：将面团旋转90°，沿着面团折叠的反方向将面团擀成长方形，然后折3折。两次操作间，将面团放入冰箱冷藏1小时。

将烤箱调至6~7挡、预热至190℃。

从冰箱取出面团，在撒有面粉的工作台上，将面团擀成2毫米的厚度。先切出一个长25厘米、宽12厘米的长方形面饼，放入微微打湿的烤盘。用叉子在长方形面饼表面均匀扎洞。再将剩余面团切成2个长25厘米、宽2.5厘米的长条状面团和2个长12厘米、宽2.5厘米的长条状面团。将这些长条状面团放入烤盘，摆放在长方形面饼周围。用刷子蘸水将面饼表面微微打湿。

放入烤箱烤25分钟左右。出炉，冷却。开始准备混合水果。草莓洗净、沥干、去柄。根据草莓的大小，将草莓切成4块或者2块。先在长方形千层酥皮表面涂一层英式蛋奶酱，然后将备好的混合水果放在蛋奶酱上。再铺上一层草莓块。最后用4个长条状酥皮将蛋奶酱和水果包裹起来，像箱子一样。

## 收尾

用抹刀在蛋糕表面涂满蛋白霜。撒上过筛的糖粉。用喷枪将蛋白烤至焦糖色。蛋糕放入冰箱冷藏，食用时取出即可。金砖蛋糕适合搭配覆盆子果酱食用。

# 含羞草蛋糕

| 罗伯托·里纳尔迪尼<br>（Roberto Rinaldini） | 8~10人份 | 准备时间：1小时<br>制作时间：约45分钟<br>冷藏时间：5小时<br>冷冻时间：3小时20分钟 |

---

**热那亚蛋糕**　鸡蛋140克◆细砂糖200克◆蛋黄8克◆面粉55克◆土豆淀粉150克◆黄油50克　**卡仕达酱**　牛奶100克◆淡奶油100克◆香草荚1根◆蛋黄90克◆米粉8克◆爆米花8克　**香草淡奶油**　吉利丁片7克+水35克◆卡仕达酱300克◆淡奶油400克　**橘子糖浆**　水125克◆细砂糖50克◆香草荚1/2根◆40°橘子利口酒40克　**收尾**　烤蛋白或者香草淡奶球适量◆红醋栗3串

---

## 热那亚蛋糕

　　将烤箱调至6挡、预热至180℃。将香草荚剖成两半，取出香草子。将蛋黄、细砂糖和香草子一起倒入碗中，用电动搅拌器搅拌10分钟。加入蛋黄。将面粉和土豆淀粉过筛，倒入打发的蛋液中。黄油加热至45℃，倒入鸡蛋和面粉的混合物中，搅拌均匀。将蛋糕糊倒入2个直径为14厘米、高4厘米的圆形蛋糕模中。放入烤箱烤30分钟。出炉，冷却后，放入冰箱冷冻20分钟。

## 卡仕达酱

　　将香草荚剖成两半，去子，和牛奶、淡奶油一起倒入平底锅加热至沸腾。蛋黄、米粉和爆米花倒入另一平底锅，搅拌均匀。将煮沸的牛奶缓缓倒入蛋黄混合物，快速搅拌。边搅拌边加热，加热至82℃。关火，将卡仕达酱倒入碗中，用保鲜膜封口，常温冷却至20℃。

## 香草淡奶油

　　将吉利丁片放入水中浸泡15分钟。取出，轻轻按压，沥干水分后放入微波炉融化。将融化后的吉利丁倒入冷却至20℃的卡仕达酱中。将淡奶油打发，倒入卡仕达酱中，轻轻搅拌均匀。用保鲜膜封口，放入冰箱冷藏3小时。

## 橘子糖浆

　　香草荚剖成两半，去子。将香草荚、水和细砂糖倒入平底锅加热至沸腾。关火，常温冷却至45℃。加入橘子利口酒，轻轻搅拌。

## 组合

将2个热那亚蛋糕切成1/2厘米厚的长条。用刷子在蛋糕条上均匀涂橘子糖浆。用香草淡奶油将直径为16厘米的半球形蛋糕模具填满，再将1/2热那亚蛋糕条放在香草淡奶油上。将蛋糕放入冰箱冷冻3小时。从冰箱取出蛋糕，脱模。用抹刀将剩余香草淡奶油均匀涂在剩余蛋糕条上。将蛋糕条切成小方块，放在脱模的蛋糕上。

## 收尾

在蛋糕顶部用香草淡奶球或烤蛋白装饰，再放红醋栗装饰。将蛋糕放入冰箱冷藏2小时，即可品尝。

# 柑橘夏洛特

维亚尼·贝朗格
（Vianney Bellanger）

6～8人份

提前一天准备

准备时间：40分钟（前一天）
　　　　　1小时（当天）

制作时间：约10分钟（前一天）
　　　　　约45分钟（当天）

冷藏时间：2×12小时+5小时

冷冻时间：至少4小时

---

**橘汁淋面背** 可可脂28克◆白巧克力40克◆细砂糖60克◆橘汁30克◆葡萄糖60克◆炼乳40克◆吉利丁粉4克+水20克◆可食用天然黄色色素几滴 **巧克力奶酱** 可可含量为75%的坦桑尼亚黑巧克力21克◆淡奶油64克◆蛋黄17克◆细砂糖8克 **手指饼干** 蛋白32克◆细砂糖16克◆蛋黄16克◆细砂糖8克◆面粉20克◆可可粉3克 **橘子果酱** 橘汁25克◆布丁粉2克◆吉利丁粉1克+水5克◆橘皮果酱25克 **橘子慕斯** 橘汁87克◆橘皮果酱19克◆细盐1小撮◆黄油4克◆蛋黄11克◆细砂糖15克◆布丁粉6克◆吉利丁粉2克+水10克◆细砂糖12克+水3克◆蛋白19克◆淡奶油156克 **橘子潘趣酒** 橘汁100克◆细砂糖15克 **酥屑** 化黄油30克◆杏仁粉30克◆红糖30克◆面粉30克◆可可粉6克 **收尾** 冰糖适量

---

## 橘汁淋面酱

　　提前一天开始准备。白巧克力切块，与可可脂一起倒入碗中，用隔水加热法化开。将细砂糖、橘汁和葡萄糖一起倒入平底锅加热至106℃。加入炼乳。将吉利丁粉放入水中浸泡20分钟。平底锅内混合物缓缓倒入融化的巧克力中，再依次加入水化的吉利丁和可食用天然黄色色素。用电动搅拌器搅拌均匀。过筛，放入冰箱冷藏至次日。

## 巧克力奶酱

　　将坦桑尼亚黑巧克力切块倒入碗中。淡奶油倒入平底锅加热至沸腾。蛋黄和细砂糖倒入碗中混合均匀，倒入煮沸的奶油中。边搅拌边加热蛋奶酱至85℃。分3次将蛋奶酱倒入巧克力块中，用电动搅拌器搅拌均匀。将巧克力奶酱倒入直径10厘米、高9厘米的圆形模具中。放入冰箱冷冻。

## 手指饼干

　　将蛋白和细砂糖倒入碗中打发。蛋黄和细砂糖倒入另一碗中打发，再倒入打发蛋白中。面粉和可可粉过筛，倒入打发蛋白。将均匀混合的面糊倒入套有12号裱花嘴的裱花袋中。烤

---

盘铺烘焙纸，用裱花袋在烤盘上挤出14个8厘米长的梨形手指饼干面糊和1个直径为9.5厘米的圆形面糊。可可粉过筛，均匀撒在面糊表面。放入烤箱烤8分钟。

## 橘子果酱

橘汁和布丁粉倒入平底锅加热。吉利丁粉倒入水中，溶解15分钟，倒入平底锅中。再加入橘皮果酱。关火，待橘皮果酱冷却至25℃时，倒入套有8号裱花嘴的裱花袋中。用裱花袋将橘子果酱均匀挤在圆形面糊表面。放入冰箱冷冻。

## 橘子慕斯

将橘汁、橘皮果酱、细盐和黄油一起倒入平底锅加热至沸腾，关火。吉利丁粉放入水中溶解20分钟。蛋黄、15克细砂糖和布丁粉倒入碗中打发，然后分3次倒入热橘汁中。再次加热平底锅，不断搅拌至橘汁再次沸腾。沸腾后继续加热3分钟。加入水化的吉利丁，轻轻搅拌。用保鲜膜封口，常温冷却至31℃。

将12克细砂糖和水倒入平底锅加热至117℃。蛋白打发至湿性发泡。将热糖浆缓缓倒入打发的蛋白中。

淡奶油打发至慕斯状。将冷却至31℃的橘汁缓缓倒入打发奶油中，混合均匀。再加入打发蛋白，轻轻搅拌。

## 橘子潘趣酒

将橘汁和细砂糖倒入平底锅加热至60℃。

## 酥屑

将化黄油倒入自动搅拌碗搅拌5分钟。依次加入杏仁粉、红糖和过筛后的面粉和可可粉，混合成均匀的面团。放入冰箱冷藏3小时。

将烤箱调至5~6挡，预热至160℃。从冰箱取出面团，放在2张烘焙纸之间，擀成5毫米厚的面饼。再将面饼切成1个直径为11.5厘米的圆形面饼。烤盘铺烘焙纸，将圆形面饼放入烤盘。放入烤箱烤15分钟。

## 组合

用刷子在手指饼干底部均匀刷一层橘子潘趣酒。再将手指饼干依次并排竖放入直径15厘米、高9厘米的夏洛特蛋糕模具中。将橘子慕斯倒入套有8号裱花嘴的裱花袋中，将140克慕斯挤入夏洛特蛋糕模具中。从冰箱取出巧克力奶酱，脱模，放在橘子慕斯上。将45克慕斯均匀涂在巧克力奶酱表面。从冰箱取出涂有果酱的圆形饼胚，放在巧克力奶酱上。继续将120克橘子慕斯均匀涂在饼坯表面。放上酥屑。将蛋糕放入冰箱冷冻4小时。

## 收尾

从冰箱取出夏洛特蛋糕，脱模，放在烤盘中的烤架上。糖粉过筛均匀撒在手指饼干表面。

将橘汁淋面酱加热至22℃，倒入裱花袋。将淋面从夏洛特蛋糕顶部缓缓倒下，使其流入手指饼干之间。将黑巧克力和塑料橙皮放在蛋糕顶部装饰。

可根据您的喜好装饰蛋糕。将蛋糕放入冰箱冷藏2小时，即可享用。

# 碧玉

| 蒂埃里·吉尔格<br>（Thierry Gilg） | 6人份 | 提前一天准备<br>准备时间：1小时（前一天）<br>　　　　　20分钟（当天）<br>制作时间：约35分钟（前一天）<br>　　　　　10分钟（当天）<br>冷藏时间：20分钟<br>冷冻时间：2小时（前一天） |
| --- | --- | --- |

---

**抹茶奶酱** 吉利丁片0.8克◆淡奶油40克+125克◆抹茶粉5克◆白巧克力40克 **吉涅司** 黄油45克◆去皮杏仁83克◆细砂糖120克◆鸡蛋50克+50克◆面粉28克◆土豆淀粉18克◆樱桃酒10克 **牛奶巧克力慕斯** 水15克◆细砂糖20克◆蛋黄40克◆可可含量为36%的牛奶巧克力95克◆吉利丁片1.5克◆淡奶油150克 **收尾** 开心果粉50克◆黑色淋面（法国权威糕点协会制作）100克◆榛子巧克力（法国权威糕点协会制作）100克

---

### 抹茶奶酱

提前一天开始准备。将吉利丁片放入冷水中浸泡10分钟。将40克淡奶油倒入平底锅加热至沸腾。将抹茶粉倒入碗中，缓缓加入煮沸的淡奶油，用电动搅拌器进行搅拌。将软化后的吉利丁片沥干水分，放入抹茶奶油中，轻轻搅拌。抹茶奶油常温冷却至60℃。

将白巧克力切块放入碗中，用隔水加热法化开或用微波炉加热。分3次将冷却至60℃的抹茶奶油缓缓倒入融化的巧克力中，并不断由中心向外画圈搅拌。

125克淡奶油打发，缓缓倒入巧克力抹茶奶油中，轻轻搅拌。将混合均匀的抹茶奶酱倒入16厘米宽的正方形硅胶蛋糕模中。放入冰箱冷冻2小时。

### 吉涅司

黄油倒入平底锅，用小火化开。将去皮杏仁和细砂糖倒入搅拌机充分搅拌。加入50克鸡蛋，继续搅拌并加热至65℃。将混合物倒入另一搅拌器，继续加入50克鸡蛋，再次搅拌20分钟。

将搅拌好的杏仁蛋液倒入碗中。面粉和土豆淀粉过筛，一次性倒入碗中，用橡皮刮刀上下搅拌。加入化黄油和樱桃酒，继续搅拌。将烤箱调至6挡、预热至180度。将混合物倒入边长为18厘米的正方形硅胶蛋糕模，再将蛋糕模放入烤盘。放入烤箱烤18分钟。出炉，脱模，将吉涅司放入另一个18厘米宽的吉涅司蛋糕模中。

## 牛奶巧克力慕斯

水和细砂糖倒入平底锅加热至沸腾，熬成糖浆。将蛋黄倒入搅拌器打发。将煮沸的糖浆缓缓倒入打发蛋黄中，加入吉利丁片，不断搅拌至完全冷却。牛奶巧克力切块，放入碗中，隔水加热至45℃。淡奶油打发，将1/4打发奶油倒入45℃的牛奶巧克力中，轻轻搅拌。一起倒入蛋黄糖浆中，搅拌均匀。最后加入剩余的打发奶油，轻轻搅拌。

## 收尾

从冰箱取出抹茶奶酱。脱模，放入吉涅司模具中。再将牛奶巧克力慕斯倒入模具。放入冰箱冷藏至次日。

制作当天，烤盘铺烘焙纸，放入烤架。从冰箱取出蛋糕，脱模，放在烤架上。将开心果粉均匀撒在蛋糕表面。

将黑色淋面酱倒入碗中，隔水加热至38℃，其间持续轻轻搅拌防止淋面结块。

榛子巧克力切块，倒入碗中。隔水加热搅拌至30℃。将融化的榛子巧克力倒在烘焙纸上，用抹刀抹平。当榛子巧克力开始凝固时，将其切出1个边长为18厘米的正方形。再在这个正方形巧克力中间切出1个边长为14厘米的正方形。将空心正方形巧克力放入冰箱冷藏20分钟。巧克力完全凝固、定形后，从冰箱取出，放在蛋糕上。将38℃的黑色淋面酱倒入正方形巧克力中空处。将蛋糕放入冰箱冷藏。食用时取出即可。

# 黑森林

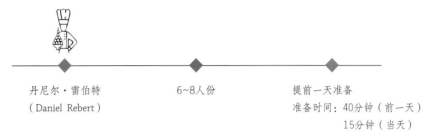

丹尼尔·雷伯特
（Daniel Rebert）

6~8人份

提前一天准备

准备时间：40分钟（前一天）
　　　　　15分钟（当天）

制作时间：30分钟（前一天）
　　　　　约5分钟（当天）

冷藏时间：1小时（前一天）+
　　　　　12小时

---

**巧克力蛋糕** 常温杏仁面糊（杏仁含量为50%）30克◆细砂糖70克◆鸡蛋45克+100克◆黄油13克◆面粉18克
◆可可粉20克 **巧克力慕斯** 脂肪含量为35%的淡奶油65克+220克◆牛奶65克◆细砂糖6.5克+6.5克◆蛋黄25克
◆可可含量为70%的黑巧克力175克 **香草慕斯** 牛奶10克◆脂肪含量为35%的淡奶油40克+285克◆细砂糖9克
+9克◆香草荚2个◆蛋黄30克◆吉利丁粉6克+水36克◆樱桃酒8克 **巧克力圈和巧克力卷** 可可含量为70%的黑
巧克力200克 **红色淋面酱** 无色淋面酱125克◆天然可食用红色色素10克 **收尾** 糖粉适量◆樱桃5~6个

---

### 巧克力蛋糕

　　提前一天准备。将杏仁面糊放在常温下回温2小时或者放入微波炉加热5秒钟。

　　烤箱调至6挡、预热至180度。在回温后的杏仁面糊中加入细砂糖和45克鸡蛋，搅拌均匀。再缓缓加入100克蛋液。黄油放入平底锅，小火化开。将面粉和可可粉过筛，倒入杏仁面糊中。再加入化黄油，轻轻搅拌。烤盘铺烘焙纸，将边长为25厘米的正方形蛋糕模放入烤盘。再将巧克力杏仁面糊倒入蛋糕模。放入烤箱烤8分钟。

### 巧克力慕斯

　　将65克淡奶油、牛奶和6.5克细砂糖倒入平底锅煮沸。蛋黄和6.5克细砂糖倒入碗中打发至慕斯状。将少量热牛奶缓缓倒入打发的蛋黄中，快速搅拌，将混合物倒回平底锅。继续加热，搅拌至蛋奶酱达到85℃。将黑巧克力切块，倒入碗中，隔水加热至30~35℃。将化巧克力倒入蛋奶酱中，用电动自动搅拌器搅拌。淡奶油打发至湿性发泡，缓缓倒入巧克力蛋奶酱，轻轻搅拌均匀。

### 香草慕斯

　　香草荚剖成两半，去子。将香草荚、牛

奶、40克淡奶油和9克细砂糖一起倒入平底锅煮沸。蛋黄和9克细砂糖倒入碗中，打发至慕斯状。将少量热牛奶倒入打发的蛋黄中，快速搅拌，然后将混合物倒回平底锅。继续加热，搅拌至蛋奶酱达到85℃。关火，立刻将平底锅放入盛有冰块的冷水中。

将平底锅从冰水中取出后，倒入吉利丁粉，用小火加热。吉利丁溶解后，倒入热香草蛋奶酱中，轻轻搅拌。常温冷却后，加入樱桃酒。淡奶油打发至湿性发泡，缓缓倒入香草蛋奶酱，轻轻搅拌。

### 蛋糕组合

烤盘铺烘焙纸，将1个直径为18厘米、高4.5厘米的慕斯圈放入烤盘。为使蛋糕较易脱模，将一条长18厘米、高4.5厘米的烘焙纸贴于慕斯圈内壁。

将巧克力蛋糕切成直径18厘米的圆形蛋糕，放入慕斯圈底部，然后将巧克力慕斯倒入慕斯圈。将樱桃放入樱桃酒内浸泡。蛋糕放入冰箱冷藏1小时。取出后，将香草慕斯倒入慕斯圈，用抹刀将表面抹平。放入冰箱冷藏至次日。

### 巧克力圈和巧克力卷

制作当天，巧克力调温（具体做法见第310页），倒在大理石板或花岗岩板上，用L形抹刀抹平。立刻将巧克力切出1个长32厘米、宽1.5厘米的长条（用于制作巧克力圈）和几个长15厘米、宽2厘米的长条（用于制作巧克力卷）。完成后，立刻将巧克力条从石板上揭起，将32厘米的长条围成一个巧克力圈，将15厘米的长条绕成几个巧克力卷。

### 红色淋面酱

将无色淋面和天然可食用红色色素一起倒入平底锅搅拌均匀，小火加热。

将烤架放入烤盘。从冰箱取出黑森林蛋糕，放在烤架上。脱模，揭掉烘焙纸。将热红色淋面酱均匀倒在黑森林蛋糕上。

### 收尾

巧克力卷上撒适量糖粉。将巧克力圈放在黑森林蛋糕上，再将巧克力卷放在巧克力圈内。摆放适量酒渍樱桃装饰。即可享用。

# 桑葚蛋糕

让·米歇尔·雷诺
（Jean-Michel Raynaud）

8人份

提前一天准备

准备时间：40分钟（前一天）
　　　　　30分钟（当天）

制作时间：约2小时（前一天）
　　　　　约10分钟（当天）

浸泡时间：2~3分钟（前一天）

冷藏时间：12小时（前一天）+1小时
　　　　　2小时（当天）

冷冻时间：4~5小时（当天）

---

**桑葚奶酱** 桑葚果酱200克◆水50克◆格雷伯爵茶包2袋◆细砂糖60克+60克◆布丁粉30克◆蛋黄80克◆冷冻黄油95克+化黄油95克◆吉利丁片4克◆脂肪含量为35%的奶油150克◆蛋白50克 **焦糖布丁奶酱** 牛奶125克◆淡奶油125克◆香草荚1根◆蛋黄3个◆细砂糖50克◆吉利丁片2克 **巧克力桑葚布朗尼** 可可含量为70%的黑巧克力150克◆细砂糖150克◆鸡蛋100克◆面粉30克◆酵母1咖啡匙◆可可粉20克◆全脂鲜奶油50克◆软化黄油40克+适量（涂抹模具）冷冻桑葚100克◆白兰地50克 **巧克力淋面酱** 葡萄糖5克◆水120克◆细砂糖120克◆牛奶225克◆无色镜面巧克力335克◆可可含量为62%的巧克力250克 **紫红色喷雾（自选）**可可脂300克◆红色和蓝色可食用色素几滴 **收尾** 细砂糖适量◆桑葚适量

---

## 桑葚奶酱（制作过程的前半部分）

提前一天准备。将桑葚果酱和水倒入平底锅煮沸。关火，放入格雷伯爵茶包浸泡2~3分钟。取出茶包，注意不要将果酱粘到茶包上。

将60克细砂糖、布丁粉和蛋黄倒入碗中搅拌均匀，将1/3蛋黄糖混合物倒入热桑葚中。搅拌均匀后，加入剩余2/3混合物。再次加热至沸腾。关火。将冷冻黄油切块，倒入平底锅。用电动搅拌器进行搅拌。将桑葚奶酱倒入碗中，用保鲜膜封口，放入冰箱冷藏至次日。

## 焦糖布丁奶酱

烤箱调至2~3挡、预热至80℃。香草荚剖成两半，去子。将香草荚、牛奶和淡奶油倒入平底锅煮沸。蛋黄和细砂糖倒入碗中搅拌均匀。将1/3香草热牛奶缓缓倒入蛋黄中，打发至慕斯状。再将混合物倒回平底锅。小火加热平底锅，用橡皮刮刀不断搅拌至奶酱变得黏稠。关火，将奶酱用细筛过滤至碗中。再将奶酱倒入直径18厘米、高2厘米的圆形模具中。放入烤箱烤40分钟。吉利丁片放入水中浸泡15分钟。

从烤箱取出奶酱，倒入碗中。吉利丁片从水中取出、沥干水分，放入奶酱中，不断搅拌至黏稠。烤盘铺烘焙纸，将直径18厘米、高2厘米的慕斯圈放入烤盘。再将奶酱倒入慕斯圈内。用保鲜膜封口，放入冰箱冷冻，使奶酱凝固。

## 巧克力桑葚布朗尼

烤箱调至5~6挡、预热至170℃。黑巧克力切块，倒入碗中，用隔水加热法化开。加入细砂糖，用橡皮刮刀搅拌均匀。加入鸡蛋，继续搅拌。面粉、酵母和可可粉过筛，倒入碗中。再加入全脂鲜奶油、桑葚和白兰地，搅拌均匀。用刷子将直径25厘米的圆形蛋糕模内壁涂上适量黄油，再将蛋糕面糊倒入模具。放入烤箱烤1小时。出炉，待蛋糕冷却后，放入冰箱冷藏1小时。从冰箱取出蛋糕，脱模。用保鲜膜包裹布朗尼蛋糕，放入冰箱冷藏至次日。

## 桑葚奶酱（制作过程的后半部分）

制作当天，将吉利丁片放入水中浸泡15分钟。从冰箱取出前一天备好的桑葚奶酱，倒入电动搅拌器搅拌5分钟。将化黄油倒入搅拌器，高速搅拌至奶酱变得黏稠。将软化、沥干的吉利丁片放入微波炉加热融化，倒入奶酱中。

打发淡奶油，放入冰箱冷藏备用。蛋白和60克细砂糖打发至形成明显纹路。依次将冷藏淡奶油和打发蛋白倒入桑葚奶酱，轻轻搅拌。

## 巧克力淋面

将葡萄糖、水、细砂糖和牛奶倒入平底锅煮沸。将无色镜面巧克力化开后，和可可含量为62%的黑巧克力一起放入碗中。将热牛奶缓缓倒入巧克力中，用电动搅拌器搅拌至顺滑。

## 紫红色喷雾

可可脂倒入平底锅，小火加热融化。加入红色和蓝色可食用色素，混合均匀。

## 收尾

从冰箱取出已经凝固的布丁奶酱，表面均匀撒糖。用菱形铁烙或喷枪将表面烤成焦糖状。将焦糖布丁奶酱再次放入冰箱冷冻。将2个长35厘米的保鲜膜分别搓成细绳。烤盘铺烘焙纸，将直径22厘米、高3.5厘米的慕斯圈放入烤盘。在慕斯圈内部紧贴一层烘焙纸，然后将2条保鲜膜细绳交叉放入慕斯圈，贴紧慕斯圈底部和内壁。用抹刀在慕斯圈内壁涂上桑葚奶酱，再将桑葚奶酱倒入慕斯圈，至1/2高度处。然后将焦糖布丁奶酱放入慕斯圈，焦糖面朝上。继续倒入桑葚奶酱，直至填满慕斯圈。用抹刀将表面抹平。放入冰箱冷冻2~3小时。

从冰箱取出巧克力桑葚布朗尼蛋糕，切成直径为22厘米的圆形蛋糕。

将烤架放入烤盘。从冰箱取出慕斯圈。布丁蛋糕脱模，倒扣在烤架上，揭掉烘焙纸。

将紫红色喷雾加热至30℃，倒入喷枪或喷雾器中。分3次均匀喷满整个布丁蛋糕。放入冰箱冷冻1小时。

从冰箱取出布丁蛋糕，放在布朗尼蛋糕上。用刷子轻轻将蛋糕表面裂缝内和四周涂满巧克力淋面。将蛋糕再次放入冰箱冷冻1小时。

将剩余巧克力淋面酱加热至30℃。从冰箱取出蛋糕，然后在蛋糕表面裂缝中再次涂一层巧克力淋面。在蛋糕表面摆放适量桑葚和巧克力片装饰。将蛋糕放入冰箱冷藏2小时，即可。

# 禅

奥蕾里昂·特迪亚
（Aurélien Trottier）

8人份

提前一天准备

准备时间：45分钟（前一天）

制作时间：约1小时（前一天）
约3分钟（当天）

冷藏时间：约4小时

---

**萨赫蛋糕** 常温杏仁酱100克◆蛋黄50克◆细砂糖30克◆鸡蛋35克◆可可豆25克◆黄油20克◆蛋白55克+细砂糖30克◆面粉25克+可可粉10克 **柚子榛果巧克力奶酱** 淡奶油50克◆牛奶65克◆蛋黄20克◆细砂糖10克◆榛子牛奶巧克力115克◆柚子汁10克 **巧克力慕斯** 淡奶油65克+150克◆牛奶65克◆蛋黄15克◆细砂糖10克◆可可含量为64%的黑巧克力115克 **榛子糖** 黄油15克◆糖粉20克◆葡萄糖15克◆榛子25克 **收尾** 可可含量为64%的黑巧克力100克◆可可粉适量◆榛子12颗◆食用金粉适量

---

## 萨赫蛋糕

提前一天准备。提前2小时将杏仁酱常温软化或放入微波炉加热5秒钟软化。

将烤箱调至5~6挡、预热至170℃。将蛋黄、细砂糖和鸡蛋倒入常温杏仁酱中搅拌，搅拌至杏仁酱形成纹路。

可可豆切碎，和黄油一起倒入平底锅加热至40℃。蛋白和细砂糖混合，打发至湿性发泡。

将化开的可可黄油倒入杏仁酱中，搅拌均匀。再缓缓加入打发蛋白。将面粉和可可粉过筛，倒入杏仁蛋白中。混合均匀后，将蛋糕糊均匀地平摊于放在烤盘内的长56厘米、宽36厘米的硅胶垫上（或倒入2个铺有烘焙纸的烤盘）。放入烤箱烤12分钟。

出炉，常温冷却。冷却后，将萨赫蛋糕切成2个直径分别为16厘米和14厘米的圆形蛋糕。

## 柚子榛果巧克力奶酱

将淡奶油和牛奶倒入平底锅煮沸。蛋黄和细砂糖倒入碗中打发至慕斯状。将热牛奶缓缓倒入打发蛋黄中，快速搅拌。将蛋奶酱重新倒回平底锅。继续加热，不断搅拌至蛋奶酱温度达到85℃。榛子牛奶巧克力切块，倒入碗中。加入蛋奶酱和柚子汁，用电动搅拌器搅拌均匀。烤盘铺烘焙纸，将直径为14厘米的慕斯圈放入烤盘。再在慕斯圈内紧贴一圈烘焙纸。将柚子榛果巧克力奶酱倒入慕斯圈。放入冰箱冷藏2小时。

## 巧克力慕斯

将65克淡奶油和牛奶倒入平底锅煮沸。蛋黄和细砂糖倒入碗中，打发至慕斯状。将热牛奶缓缓倒入打发蛋黄中，快速搅拌。再将蛋奶重新倒回平底锅，继续加热至蛋奶酱温度达到85℃。黑巧克力切块，倒入碗中。加入蛋奶酱，用电动搅拌器搅拌均匀。常温冷却。将150克淡奶油打发，倒入巧克力蛋奶酱中，轻轻搅拌。将巧克力慕斯放入冰箱冷藏。

## 榛子糖

将烤箱调至5~6挡、预热至170℃。黄油放入碗中，常温下化开。糖粉过筛，倒入化黄油中。葡萄糖融化后，倒入黄油中，搅拌至顺滑。榛子切块，倒入黄油酱中。烤盘铺烘焙纸，将直径16厘米的慕斯圈放入烤盘。将榛子黄油酱倒入慕斯圈，放入烤箱烤10分钟。出炉，冷却后脱模。

## 组合

烤盘铺烘焙纸，将直径16厘米、高4.5厘米的慕斯圈放入烤盘。再在慕斯圈内紧贴一圈烘焙纸。将320克巧克力慕斯倒入慕斯圈，用抹刀将表面抹平。从冰箱取出柚子榛果巧克力奶酱，脱模，揭掉烘焙纸。放在直径14厘米的萨赫蛋糕上，再一起放入慕斯圈。将榛子糖放入慕斯圈。将剩余60克巧克力慕斯均匀涂在榛子糖表面。最后将16厘米的萨赫蛋糕放在顶部。放入冰箱冷藏至次日。

## 收尾

烤箱温度调至5挡、预热至150℃。将12颗榛子放入烤盘。放入烤箱烤15分钟，烤至表面金黄，其间翻搅几次榛子。

当天，将巧克力切块倒入碗中，隔水加热法化开。用刮刀将融化巧克力表面刮平，放入冰箱冷藏。从冰箱取出蛋糕，放入烤盘。脱模，揭掉烘焙纸。可可粉过筛，均匀撒满蛋糕表面。将化开后的巧克力倒入圆锥形烘焙纸袋中，在蛋糕表面画出螺旋形。将6个烤榛子切成两半，然后和其他烤榛子一起倒入食用金粉中，使其表面均匀裹上金粉。将榛子放在蛋糕表面装饰。蛋糕放入冰箱冷藏，食用时取出即可。

# 星空穹顶

塞巴斯蒂安·勃罗卡　　　　　8人份　　　　　　提前2天准备
（Sébastien Brocard）　　　　　　　　　　　　准备时间：15分钟（2天前）
　　　　　　　　　　　　　　　　　　　　　　　　　　　35分钟（前一天）
　　　　　　　　　　　　　　　　　　　　　　　　　　　15分钟（当天）
　　　　　　　　　　　　　　　　　　　　　　　制作时间：约12分钟（2天前）
　　　　　　　　　　　　　　　　　　　　　　　　　　　约50分钟（前一天）
　　　　　　　　　　　　　　　　　　　　　　　　　　　约3分钟（当天）
　　　　　　　　　　　　　　　　　　　　　　　冷冻时间：12小时
　　　　　　　　　　　　　　　　　　　　　　　冷藏时间：2×12小时（奶油和淋面
　　　　　　　　　　　　　　　　　　　　　　　　　　　浸泡时间）+5小时

---

**香草奶油** 全脂牛奶73克◆淡奶油50克◆香草荚1根◆零陵香豆0.3克◆蛋黄20克◆细砂糖18克◆吉利丁粉1.5克+冷水7.5克 **黑色淋面酱** 脂肪含量为35%的淡奶油80克◆细砂糖180克◆水100克◆可可粉70克◆吉利丁粉6克+冷水30克 **巧克力蛋糕** 蛋黄75克+细砂糖65克◆黄油22克◆蛋白75克+细砂糖20克◆面粉37克◆可可粉15克 **布列塔尼酥饼** 面粉100克◆酵母5克◆化黄油70克◆蛋黄30克◆红糖70克◆细盐1小撮 **焦糖巧克力慕斯** 吉利丁粉3克+冷水15克◆淡奶油120克+360克◆细砂糖52克◆蛋黄32克◆可可含量为70%的黑巧克力175克

---

### 香草奶油（制作过程的前半部分）

　　提前两天准备。香草荚剖成两半，去子。将全脂牛奶、淡奶油、香草荚和去皮的零陵香豆一起倒入平底锅煮沸，再倒入碗中搅拌均匀。用保鲜膜封口，放入冰箱冷藏至次日。

### 黑色淋面酱

　　提前两天准备。淡奶油倒入平底锅加热。细砂糖和水倒入平底锅加热至110℃。再加入温热的淡奶油和过筛的可可粉。用电动搅拌器搅拌均匀后，细筛过滤，倒入碗中。吉利丁粉倒入冷水，溶解后，倒入碗中，轻轻搅拌。用保鲜膜封口，放入冰箱冷藏至次日。

### 香草奶油（制作过程的后半部分）

　　提前一天准备。从冰箱取出香草牛奶，倒入平底锅加热至温热。蛋黄和细砂糖倒入碗中，打发至慕斯状。将香草牛奶缓缓倒入打发蛋黄中，轻轻搅拌。再将香草奶油倒回平底锅，继续搅拌，小火加热至82℃。关火，立刻将平底锅放入一大盆冰水中，快速冷却。吉利丁粉放入冷水中，小火加热。将溶解的吉利丁倒入冷却的香草奶油中，轻轻搅拌均匀。将香草奶油倒入直径10厘米的半球形硅胶模具中，放入冰箱冷藏。

## 巧克力蛋糕

烤箱调至6挡、预热至180℃。蛋黄和65克细砂糖倒入碗中，打发至慕斯状。黄油放入平底锅，小火加热融化。将20克细砂糖缓缓加入蛋白中，打发至湿性发泡。将温热的化黄油倒入打发蛋黄中，再用橡皮刮刀将混合物倒入打发蛋白中，用橡皮刮刀上下轻轻搅拌。面粉和可可粉过筛，倒入上述混合物中。将搅拌均匀的蛋糕糊倒入套有8号裱花嘴的裱花袋中。

烤盘铺烘焙纸，在烘焙纸上画出2个直径12厘米的圆圈。翻转烘焙纸，然后用裱花袋将蛋糕糊均匀挤入画好的圆圈。放入烤箱烤12~15分钟。

## 布列塔尼酥饼

将面粉和酵母混合均匀。将化黄油、红糖和细盐倒入搅拌机搅拌。加入面粉，再次搅拌均匀。加入蛋黄，搅拌成光滑面团。将面团放入碗中，放入冰箱冷藏2小时以上。

烤箱调至5挡、预热至150℃。从冰箱取出面团，在撒有面粉的案板上将面糊擀成1厘米厚。烤盘铺烘焙纸，将直径12厘米的慕斯圈放入烤盘。再将擀好的面饼放入慕斯圈。放入烤箱烤12~14分钟。

## 焦糖巧克力慕斯

将吉利丁粉放入冷水中溶解。将120克淡奶油倒入平底锅加热。关火，倒入碗中，用保鲜膜封口。将细砂糖倒入平底锅加热。熬至深色焦糖时，关火，迅速将加热后的淡奶油倒入焦糖中，轻轻搅拌。常温冷却至60℃时，加入蛋黄。再次加热至70℃并不断搅拌。

关火，加入水化的吉利丁，搅拌均匀。黑巧克力切块，倒入冷却至40~45℃的焦糖奶油中，搅拌均匀。

将360克淡奶油打发至湿性发泡。

将打发奶油缓缓倒入焦糖巧克力奶油中，搅拌至顺滑、黏稠。

从冰箱取出香草奶油，脱模。将1/3焦糖巧克力慕斯倒入直径16厘米的半球形硅胶模具中。用抹刀将焦糖巧克力慕斯均匀涂在模具内壁上。将香草奶油放入半球形模具底部，表面涂一层焦糖巧克力慕斯。放入1个巧克力蛋糕（另1个巧克力蛋糕可用于制作第2份蛋糕或放入冰箱冷冻储藏）。继续在表面涂一层焦糖巧克力慕斯。最后将布列塔尼酥饼放在慕斯上。

将蛋糕放入冰箱冷冻至次日。

当天，将黑色淋面酱加热至32℃。从冰箱取出半球形模具，放入盛有温水的碗中回温。回温后，将蛋糕脱模背，放在烤盘内的烤架上。将32℃的黑色淋面均匀倒在蛋糕上。根据自己喜好，装饰蛋糕。将蛋糕放入餐盘，在冰箱冷藏3小时以上，即可享用。

# 歌剧院蛋糕

| 尼古拉斯·布歇<br>（Nicolas Boucher）<br>（法国达洛优甜品店） | 10人份 | 准备时间：1小时<br>制作时间：约55分钟<br>冷藏时间：1小时<br>浸泡时间：5分钟 |
|---|---|---|

**杏仁蛋糕片** 黄油20克◆杏仁粉95克◆细砂糖95克◆面粉25克◆鸡蛋125克◆蛋白85克+细砂糖20克 **咖啡糖浆** 意式特浓咖啡9克◆水110克◆细砂糖70克 **咖啡黄油酱** 水70克◆细砂糖230克◆鸡蛋85克◆蛋黄35克◆软化黄油460克◆意式特浓咖啡25克 **巧克力甘纳许** 可可含量为70%的马达加斯加顶级黑巧克力300克◆全脂牛奶180克◆淡奶油45克◆黄油80克 **巧克力淋面酱** 可可含量为72%的马达加斯加顶级黑巧克力10克◆可可脂10克◆无色镜面酱100克 **装饰** 食用金箔块3个

## 杏仁蛋糕片

将烤箱调至6~7挡、预热至200℃。将黄油用小火化开。将杏仁粉、95克细砂糖、面粉和鸡蛋倒入搅拌机，搅拌至起泡且体积膨胀一倍。在蛋白中缓缓加入20克细砂糖，打发至干性发泡。将打发的蛋白分批倒入面粉中，用刮刀上下轻轻搅拌至蛋糕面糊变得顺滑，且未过多回落。将蛋糕面糊均匀分为3份。将长30厘米、宽20厘米、高0.5~0.6厘米的蛋糕模放入铺有烘焙纸的烤盘，再将第1份面糊倒入蛋糕模，用抹刀将表面抹平。放入烤箱烤10分钟。出炉后立刻将杏仁蛋糕片放在烤架上，并盖上一张烘焙纸。用同样的方法制作其余2份杏仁蛋糕片，放于烤架冷却。

## 咖啡糖浆

将意式特浓咖啡倒入沸水煮5分钟，然后加入细砂糖。继续加热至75℃。

## 咖啡黄油酱

将细砂糖和水倒入平底锅加热至124℃，制成糖浆。将鸡蛋和蛋黄倒入搅拌机搅拌均匀，再将热糖浆缓缓倒入蛋液中。待蛋液糖浆冷却至40℃，加入切块的黄油和浓缩咖啡。

## 巧克力甘纳许

将马达加斯加顶级黑巧克力切块，倒入碗中。将全脂牛奶和淡奶油倒入平底锅煮沸，再分3次缓缓倒入巧克力块中，同时不断由中心向外画圈搅拌。加入切块的黄油，搅拌至顺滑，倒入瓷器烤盘中。用保鲜膜封口，放入冰箱冷藏至甘纳许呈奶油状。

## 巧克力淋面酱

用锯齿刀将黑巧克力和可可脂分别切块，和无色镜面酱一起放入碗中，用隔水加热法化开。将巧克力淋面酱调温至35℃。

## 组合

将长30厘米、宽20厘米、高2.5厘米的蛋糕模具放入铺有烘焙纸的烤盘。取1片杏仁蛋糕，用刷子蘸取适量巧克力淋面酱涂满表层。然后放入模具底部，巧克力涂层面朝下。将咖啡糖浆加热至40℃。用刷子蘸取热咖啡糖浆，涂在模具底部的杏仁蛋糕片上。再继续涂抹1/2咖啡黄油酱，用抹刀将表面抹平。放入第2片杏仁蛋糕。用刷子依次涂抹热咖啡糖浆、巧克力甘纳许，并再次用刮刀将表面抹平。继续放入第3片杏仁蛋糕，依次涂抹热咖啡糖浆和剩余1/2咖啡黄油酱，用刮刀将表面抹平。放入冰箱冷藏1小时。

## 收尾

将蛋糕从冰箱取出，脱模。当蛋糕回至常温，将巧克力淋面酱浇在蛋糕表面。最后在蛋糕表面摆放金箔块或其他您喜欢的装饰物。常温放置15分钟，待巧克力淋面酱冷却凝固后，即可食用。

# 圣多诺黑吉瓦娜泡芙挞

弗雷德里克·卡塞尔　　　　　6~8人份　　　　　提前2天准备
（Frédéric Cassel）

准备时间：30分钟（2天前），15分钟
　　　　　（前一天），40分钟（当天）

冷藏时间：约12小时+6×2小时，约
　　　　　2×8小时（前一天），1小
　　　　　时（泡芙醒发）（当天）

制作时间：5分钟（前一天），约1小
　　　　　时30分钟（当天）

浸泡时间：30分钟

---

**千层酥皮** 精白面粉500克◆T45面粉500克◆细盐25克◆黄油150克◆水450克+块状黄油700克 **吉瓦娜巧克力奶油** 吉利丁片2.5克◆牛奶巧克力（法芙娜吉瓦娜牛奶巧克力）175克◆葡萄糖5克◆牛奶100克◆淡奶油200克 **泡芙** 牛奶75克◆水75克◆细盐3克◆细砂糖3克◆黄油68克◆面粉83克◆鸡蛋120克 **卡仕达酱** 全脂牛奶200克◆香草荚1/2根◆蛋黄32克◆红糖50克◆布丁粉18克◆黄油8克 **低脂卡仕达酱** 淡奶油150克◆卡仕达酱300克（做法附后）**香草焦糖** 细砂糖250克◆水100克◆葡萄糖糖浆35克◆香草粉1克

---

## 千层酥皮

　　提前两天准备。将精白面粉、细盐和150克黄油倒入搅拌机搅拌均匀。加水，以1挡速度将面团搅拌至光滑，再揉成圆球状。呈"十"字形将面团切开，用保鲜膜包裹，放入冰箱冷藏3小时。从冰箱取出面团，在撒有面粉的工作台上将面团擀成30厘米宽的正方形，中间比四周略厚一些。用擀面杖将700克块状黄油擀成宽15~20厘米的正方形，放在正方形面团中心。将面团沿着黄油四个边缘向内折

叠。用擀面杖将折叠后的面团擀成约1米长的长方形，再折三折。将面团包裹保鲜膜，放入冰箱冷藏2小时。从冰箱取出面团，重复5次以下操作：将面团旋转90°，沿着折叠的反方向擀开，擀成约1米的长方形。再折三折，放入冰箱冷藏2小时。最后一次完成后，将面团放入冰箱冷藏至次日。

　　提前一天准备。从冰箱取出250克面团，其余冷冻保存。将面团擀成直径20厘米的圆形。再将圆形面团放入冰箱冷藏至次日。

## 吉瓦娜巧克力奶油

提前一天准备。将吉利丁片浸入冷水中软化15分钟。牛奶巧克力切块，放入碗中，隔水加热法化开，倒入葡萄糖。牛奶倒入平底锅煮沸，然后加入软化、沥干的吉利丁片，轻轻搅拌。用细筛过滤牛奶，缓缓倒入融化的巧克力中，用电动搅拌器搅拌均匀。加入淡奶油，再次用搅拌器搅拌数秒。将吉瓦娜巧克力奶油放入冰箱冷藏至次日。

## 泡芙

制作当天，将牛奶、水、细盐、细砂糖和黄油一起倒入平底锅煮沸。面粉过筛，缓缓倒入平底锅，持续搅拌。调至中火，继续加热并搅拌，直至面糊开始粘锅。关火，将面糊倒入搅拌机。依次加入鸡蛋，用搅拌机搅拌均匀，然后将面糊倒入套有10号裱花嘴的裱花袋中。

烤箱调至8挡、预热至240℃。烤盘铺烘焙纸，用裱花袋在烤盘上挤出25个泡芙。放入烤箱烤15分钟。将烤箱温度调至5~6挡（约170℃），继续烤20分钟。

从冰箱取出千层酥皮面团。烤盘铺烘焙纸，用刷子将烘焙纸微微打湿。将酥皮面团放在烘焙纸上，用叉子在酥皮表面均匀扎孔。放入冰箱冷藏1小时。从冰箱取出酥皮面团，在面团外围边缘5毫米处装饰皇冠状花边，并在面团内径部分增加螺旋状装饰。烤箱调至5~6挡、预热至170℃。将酥皮再次放入烤箱烤40分钟。

## 卡仕达酱

香草荚剖成两半，去子，和全脂牛奶一起倒入平底锅煮沸。关火，静置30分钟。将蛋黄、红糖和布丁粉倒入另一平底锅中打发。再将香草牛奶缓缓倒入打发蛋黄中，轻轻搅拌。边搅拌边加热蛋奶酱至沸腾，沸腾后继续加热2分钟。关火，将平底锅放入盛有冰块的冷水中，快速冷却。当蛋奶酱温度降至60℃时，加入黄油。轻轻搅拌后，将卡仕达酱倒入碗中，用保鲜膜封口。

## 低脂卡仕达酱

淡奶油打发。用搅拌器将卡仕达酱搅拌至顺滑。将1/3打发奶油倒入卡仕达酱，用搅拌器搅拌均匀。继续倒入剩余打发奶油，再次搅拌均匀。将低脂卡仕达酱倒入套有10号裱花嘴的裱花袋中。用裱花袋将泡芙底部之间的空隙用低脂卡仕达酱填满。

## 香草焦糖

将细砂糖、水和葡萄糖糖浆倒入平底锅加热至160℃。关火，加入香草粉，轻轻搅拌。

## 组合

将25个泡芙顶部浸入热香草焦糖，依次摆放在硅胶垫上冷却。冷却后，将泡芙倒置，贴紧酥皮外围泡芙圈依次摆放。再用香草糖浆涂满倒置泡芙顶部。用剩余低脂卡仕达酱填满圣多诺黑泡芙酥皮底部，用抹刀将表面抹平。

将吉瓦娜巧克力奶油倒入圣多诺黑花嘴裱花袋中。

在低脂卡仕达酱上，用裱花嘴将奶油以"之"字形挤出，添满整个泡芙挞（具体见第314页）。将圣多诺黑泡芙挞放入冰箱冷藏，食用时取出即可。

# 精致酥挞

EXQUISES LES TARTES

# 覆盆子挞

米歇尔·班瓦尔特　　　　　6~8人份　　　　　　准备时间：25分钟
（Michel Bannwarth）　　　　　　　　　　　　制作时间：约30分钟
　　　　　　　　　　　　　　　　　　　　　　冷藏时间：30分钟

---

**挞皮**　去皮、去壳榛子250克＋细砂糖250克◆化黄油450克＋适量（涂抹模具）◆细砂糖125克◆桂皮粉
12.5克◆黄柠檬皮1/2个◆鸡蛋150克◆面粉500克＋适量（用于工作台）**覆盆子果冻**　新鲜覆盆子150克◆
细砂糖110克　**收尾**　新鲜覆盆子600克◆细砂糖适量

---

### 挞皮

　　烤箱调至6挡、预热至180℃。将榛子和细砂糖倒入搅拌机碾碎。将化黄油、细砂糖、桂皮粉和黄柠檬皮倒入碗中混合均匀。依次加入碾碎的榛子和糖、鸡蛋、面粉混合成均匀的面团，但不要过分揉面。用保鲜膜包裹面团，放入冰箱冷藏30分钟。此食谱需要大约300克面团，剩余面团放入冰箱冷冻储藏。

　　将面团放在撒有适量面粉的工作台上擀开。用刷子在直径24厘米、高2厘米的挞模内壁涂适量黄油。再将面团放入挞模中。放入烤箱烤25分钟。取出挞皮，脱模，放在烤架上。

### 覆盆子果冻

　　将新鲜覆盆子倒入蔬果碾磨机，磨成果泥。再将覆盆子果泥倒入平底锅加热。当果泥变得温热后，加入细砂糖。继续加热至沸腾，沸腾后继续加热1分钟，轻轻搅拌覆盆子果冻。关火，常温放置冷却。

### 收尾

　　将覆盆子果冻均匀涂满冷却挞皮底部。将覆盆子绕圈放在覆盆子果冻上，填满挞皮。沿覆盆子挞边，均匀撒一圈糖粉。将烘焙纸卷成羊角状，倒入剩余覆盆子果冻。在每个覆盆子顶端挤出一个覆盆子果冻小圆点。

# 苹果挞

劳伦特·勒·丹尼尔　　　8人份　　　提前一天准备
（Laurent Le Daniel）

准备时间：10分钟（前一天）
　　　　　　约40分钟（当天）
制作时间：约10分钟（前一天）
　　　　　　约1小时10分钟（当天）
冷藏时间：2小时

---

**咸焦糖** 细砂糖140克◆葡萄糖糖浆（葡萄糖粉）140克◆淡奶油380克◆半盐黄油120克◆盐之花2克 **油酥挞皮** 面粉250克◆冷冻黄油185克◆细砂糖10克◆细盐5克◆牛奶40克◆蛋黄20克◆面粉适量（用于工作台）**杏仁奶油** 黄油75克◆细砂糖75克◆杏仁粉75克◆鸡蛋50克◆蛋黄20克◆淡奶油35克 **苹果条** 苹果800克（阿尔摩里克王后苹果或其他优质酸苹果）◆黄油90克◆细砂糖120克 **收尾** 糖粉适量

---

### 咸焦糖

　　提前一天准备。将细砂糖和葡萄糖糖浆倒入平底锅，用小火加热，不要搅拌。微微转动平底锅，使糖受热均匀。淡奶油倒入另一平底锅加热。当淡奶油温度达到175℃时，关火。分三次将热奶油倒入糖浆中，用糖浆专用温度计不断搅拌。再次用小火加热，将焦糖加热至107℃。关火，待焦糖冷却至40~45℃时，加入切块的半盐黄油。轻轻搅拌，防止糖浆内有气泡。加入盐之花，用糖浆测温计再次轻轻搅拌。放入冰箱冷藏至次日。

### 油酥挞皮

　　当天，将面粉、切块的冷冻黄油、细砂糖和细盐一起倒入搅拌机中，搅拌至粗砂状。加入牛奶和蛋黄，搅拌至面团开始变得光滑。不要过多揉面团。用保鲜膜包裹面团，放入冰箱冷藏2小时。

　　烤箱调至5~6挡、预热至170℃。从冰箱取出面团，放在撒有面粉的工作台上擀开。烤盘铺烘焙纸，将直径20厘米的慕斯圈放入烤盘。将擀开的面团铺满慕斯圈底部和侧壁，再在面团表面铺一张烘焙纸，包裹慕斯圈底部和侧壁。将干燥的豆子均匀倒在烘焙纸上。放入烤箱烤15分钟。将烤箱温度调至4~5挡（约140℃）。继续烤15分钟。出炉，拿掉烘焙纸和豆子。如有需要，可将挞皮在烤箱多烤几分钟，使挞皮呈现金黄色。

## 杏仁奶油

黄油倒入碗中，用橡皮刮刀搅拌成膏状。依次加入细砂糖、杏仁粉、鸡蛋和蛋黄，用电动搅拌器搅拌均匀。加入淡奶油，轻轻搅拌。

将杏仁奶油均匀涂在挞皮上。放入烤箱烤30分钟。

## 苹果条

苹果去皮，再用去核器将苹果核和柄去掉。用切条器将苹果切成3毫米的长条（或者将苹果先切成3毫米的薄片，再将薄片切成3毫米的长条）。黄油放入平底锅加热。化开后，依次加入细砂糖和苹果条。平底锅内加少量水，没过苹果条即可。小火加热5分钟。注意不能将苹果煮成果泥。将苹果条放入滤网，沥干冷却。

## 收尾

在杏仁奶油挞皮上涂上1厘米厚的咸焦糖。再将苹果条均匀、松散地铺满挞皮。糖粉过筛后撒在表面。即可享用。

## 苹果

我们凭借苹果的味道来决定选择使用哪个品种。我使用本地的苹果，阿尔摩里克王后苹果。他们大多来自于曼恩-卢瓦尔省和雷恩附近的农场。我喜欢这种苹果，不仅口感脆甜，也适合用于烹饪。我喜欢这种微酸的苹果，它会在烹饪时带给食材独特的香味。

# 马斯卡彭草莓挞

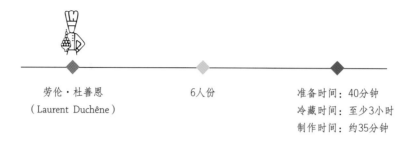

劳伦·杜善恩
（Laurent Duchêne）

6人份

准备时间：40分钟
冷藏时间：至少3小时
制作时间：约35分钟

---

**油酥挞皮** 黄油150克◆细砂糖90克◆杏仁粉30克◆蛋黄50克◆细盐2.5克◆面粉250克+适量（用于工作台）
**青柠酱** 全蛋液90克◆细砂糖100克◆青柠檬果皮1克◆青柠檬汁1个◆切块黄油130克 **马斯卡彭香缇奶油**
淡奶油125克◆细砂糖20克◆马斯卡彭奶酪125克 **夹心** 草莓500克

---

### 油酥挞皮

将黄油、细砂糖和杏仁粉倒入搅拌机搅拌至奶油状。加入蛋黄和细盐，继续搅拌。加入面粉，搅拌成光滑的面团。保鲜膜包裹面团，放入冰箱冷藏1小时以上。

从冰箱取出面团，在撒有面粉的工作台上将面团擀成6~7毫米厚的片。烤盘铺烘焙纸，将1个直径20厘米的慕斯圈放入烤盘。再将面团放入慕斯圈。放入冰箱冷藏1小时。

将烤箱调至5~6挡、预热至160℃。从冰箱取出面团。将一张烘焙纸放入慕斯圈，包裹面团底部和侧壁。再在烘焙纸上均匀铺一层烹饪的果核（或者豆子）。放入烤箱烤25分钟。出炉，拿掉烘焙纸和豆子，将挞皮放在烤架上。冷却后脱模。

### 青柠酱

将全蛋液、细砂糖和青柠檬果皮放入碗中打发，加入青柠檬汁。将碗放入平底锅，隔水加热，不断搅拌至温度达到85℃。将碗取出，常温冷却。待青柠酱温度降至40℃时，加入切块黄油，用电动搅拌器搅拌均匀。

### 马斯卡彭香缇奶油

将淡奶油和细砂糖打发。缓缓加入马斯卡彭奶酪，轻轻搅拌均匀。放入冰箱冷藏。

### 夹心

草莓洗净、沥干、去梗。切成两半。

### 收尾

在挞皮上涂1厘米厚的青柠酱，将表面抹平。放入冰箱冷藏1小时。将马斯卡彭香缇奶油倒入套有圣多诺黑花嘴的裱花袋中，在青柠酱表面挤出几条波浪线。再将切成两半的草莓依次摆放奶油线条之间。即可享用。

# 樱桃馅饼

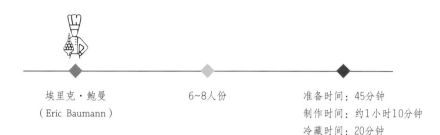

埃里克·鲍曼
（Eric Baumann）

6~8人份

准备时间：45分钟
制作时间：约1小时10分钟
冷藏时间：20分钟

---

**热内亚蛋糕** 黄油120克+适量（涂抹模具）◆面粉260克◆鸡蛋300克◆细砂糖260克 **日式蛋糕** 榛子粉
190克◆面粉35克◆蛋白250克◆细砂糖225克 **樱桃黄油酱** 牛奶120克+细砂糖60克◆香草荚1.5根◆蛋黄
100克+细砂糖60克◆蛋白40克+细砂糖10克◆水30克+细砂糖80克◆常温黄油400克◆50℃樱桃酒150克◆
红色可食用色素2滴 **樱桃酒糖液** 水120克◆细砂糖120克◆50℃樱桃酒150克 **收尾** 杏仁片50克◆糖粉适
量◆酒渍樱桃3个◆开心果粉1咖啡匙

---

### 热内亚蛋糕

　　烤箱调至5~6挡、预热至170℃。用刷子
在直径为18厘米、高5厘米的蛋糕模内壁涂适
量黄油。将黄油倒入平底锅，用小火加热。将
水倒入另一平底锅，用小火加热。面粉过筛。
鸡蛋倒入碗中打散，加细砂糖，搅拌均匀。再
将盛有蛋液的碗放入有水的平底锅，隔水加
热。用电动打蛋器将蛋液搅拌2分钟。将碗从
平底锅取出，放在隔热垫上。用电动打蛋器快
速搅拌3~4分钟，再慢速搅拌10分钟。依次加
入过筛的面粉和化黄油，轻轻搅拌均匀。

　　将蛋糕糊倒入蛋糕模。放入烤箱烤45分
钟。将刀插入蛋糕检查烘烤程度。如果刀拔出
时表面是干燥的，就表示蛋糕烤好了。出炉，
将蛋糕倒置放在烤架上，常温冷却。

### 日式蛋糕

　　将烤箱调至5挡、预热至150℃。面粉和榛
子粉过筛。将细砂糖缓缓倒入蛋白，打发至湿
性发泡。将蛋白打发至能在搅拌头上形成尖角
时，加入面粉和榛子粉，用橡皮刮刀上下轻轻
搅拌。搅拌均匀后，将蛋糕糊倒入套有8号裱
花嘴的裱花袋中。烤盘铺烘焙纸，将2个直径
为18厘米、高0.5厘米的蛋糕模放入烤盘。将
蛋糕糊呈螺旋状挤入2个蛋糕模中。放入烤箱
烤10~12分钟。出炉，将蛋糕分别放在2个烤
架上冷却。

### 樱桃黄油酱

　　香草荚剖成两半，去子。和牛奶、60克细
砂糖一起倒入平底锅煮沸。蛋黄和60克细砂糖
倒入碗中，打发至慕斯状。将热牛奶缓缓倒入

蛋液，快速搅拌，然后将蛋奶酱重新倒回平底锅。继续加热，不断搅拌至蛋奶酱温度达到82℃。关火，将平底锅浸入盛有冰块的冷水盆中。冷却后，取出香草荚。将蛋白和10克细砂糖打发至湿性发泡。水和80克细砂糖倒入平底锅加热至121℃，再将糖浆缓缓倒入打发蛋白中，搅拌至完全冷却。

黄油倒入碗中，搅拌至糊状。依次加入蛋奶酱和意式蛋白霜，轻轻搅拌均匀。黄油酱便制作完成。

将450克黄油酱倒入碗中。加入樱桃酒和适量红色可食用色素，轻轻搅拌均匀。

### 樱桃酒糖液

将水和细砂糖倒入平底锅煮沸。加入樱桃酒，搅拌均匀。

### 收尾

将烤箱调至5挡、预热至150℃。烤盘铺烘焙纸，将杏仁片撒在烤盘上。放入烤箱烤10分钟，其间翻转几次杏仁片，表面烤至金黄即可。将热内亚蛋糕用樱桃酒糖液浸泡片刻。在烤架上放1个日式蛋糕，然后涂一层樱桃黄油酱。再将用樱桃糖酒液浸渍的热内亚蛋糕放在上面。继续涂一层樱桃黄油酱，最后放上另1个日式蛋糕。用剩余的樱桃黄油酱将整个蛋糕表面涂满。将烤杏仁片贴在蛋糕侧面装饰。糖粉过筛，均匀撒在蛋糕表面。最后用开心果粉和适量酒渍樱桃装饰蛋糕。将蛋糕放入冰箱冷藏。食用时提前20分钟取出即可。

# 苹果船

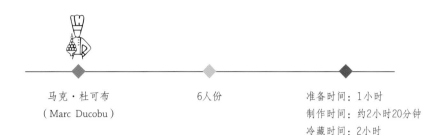

| 马克·杜可布<br>（Marc Ducobu） | 6人份 | 准备时间：1小时<br>制作时间：约2小时20分钟<br>冷藏时间：2小时 |

---

**甜挞皮** 面粉165克◆黄油100克◆糖粉50克◆杏仁粉10克◆榛子粉10克◆香草粉1小撮◆细盐2克◆鸡蛋50克 **焦糖液** 脂肪含量为35%的淡奶油40克◆香草荚2/3根◆蜂蜜30克◆葡萄糖糖浆30克◆细砂糖20克 **焦糖苹果** 大苹果2个 **酥屑** 红糖40克◆杏仁粉20克◆榛子粉20克◆面粉40克◆橙皮1克◆细盐1克◆化黄油40克 **卡仕达酱** 玉米粉5克◆布丁胶2克◆牛奶10克+75克◆蛋黄20克◆脂肪含量为35%的淡奶油10克◆细砂糖15克◆香草荚1/2根 **低脂奶油酱** 脂肪含量为35%的淡奶油100克◆细砂糖3克

---

## 甜挞皮

面粉和黄油倒入碗中，用手指搅拌成沙粒状。依次加入过筛的糖粉、杏仁粉、榛子粉、香草粉和细盐，搅拌均匀。再加入鸡蛋，快速揉成面团。用保鲜膜包裹面团，放入冰箱冷藏2小时。

烤箱调至5~6挡、预热至160℃。从冰箱取出面团，放在撒有面粉的工作台上擀开。烤盘铺烘焙纸，将长27厘米、宽10厘米、高2厘米的椭圆形挞模放入烤盘。将面团放入挞模中。放入烤箱烤15分钟。

## 焦糖液

香草荚剖成两半，去子。和淡奶油一起倒入平底锅煮沸。关火。用保鲜膜将平底锅封口，常温放置10分钟。将蜂蜜、葡萄糖糖浆和细砂糖倒入另一口平底锅加热至160℃，缓缓倒入香草奶油中，轻轻搅拌。取出香草荚。

## 焦糖苹果

烤箱调至4挡、预热至120℃。苹果去皮、去核、切块。将苹果块均匀放入3个直径7厘米的半球形硅胶模具中。再将焦糖液倒入模具。放入烤箱烤1小时30分钟。出炉，冷却后放入冰箱冷冻。

## 酥屑

将烤箱调至5~6挡、预热至160℃。将红糖、杏仁粉、榛子粉、面粉、橙皮和细盐一起倒入搅拌机搅拌均匀。加入化黄油，快速搅拌。将搅拌均匀的面团均匀分成小球状。烤盘铺烘焙纸，将面团小球放入烤盘，放入烤箱烤15分钟。

## 卡仕达酱

将玉米粉、布丁粉、10克牛奶和蛋黄倒入碗中，搅拌均匀。香草荚剖成两半，去子。和淡奶油、75克牛奶和细砂糖一起倒入平底锅煮沸。再将煮沸的香草奶油缓缓倒入蛋黄牛奶中，快速搅拌。搅拌均匀后，将卡仕达酱重新倒回平底锅，边搅拌边加热至沸腾。关火，取出香草荚。用保鲜膜将平底锅封口，常温放置冷却。

## 低脂奶油酱

将淡奶油和细砂糖打发，倒入冷却的卡仕达酱中，轻轻搅拌均匀。

## 收尾

将低脂奶油酱均匀涂满挞皮底部。从冰箱取出焦糖苹果。脱模，依次放在奶油酱上。再将酥屑均匀撒在奶油酱表面。根据自身喜好，用巧克力或榛果等装饰苹果船。将苹果船放入冰箱冷藏2小时，食用时取出即可。

# 糖衣杏仁挞

理查德·萨普
（Richard Sève）

8人份

提前一天准备

准备时间：15分钟（前一天）
　　　　　10分钟（当天）
制作时间：5分钟（前一天）
　　　　　约30分钟（当天）
冷藏时间：2×12小时
冷冻时间：1小时

---

**挞皮** 化黄油120克+适量（涂抹模具）◆糖粉60克◆杏仁粉60克◆洋槐蜜5克◆蛋白15克◆面粉150克 **红色糖衣杏仁夹心** 红色糖衣杏仁200克◆脂肪含量为35%的淡奶油200克◆马达加斯加香草荚1根

---

## 挞皮

提前一天准备。将化黄油倒入搅拌机快速搅拌，但不要搅拌成乳状。依次加入糖粉、杏仁粉、洋槐蜜和蛋白，搅拌1分钟。加入过筛的面粉，快速搅拌成面团。用保鲜膜包裹面团，放入冰箱冷藏至次日。

## 红色糖衣杏仁夹心

将红色糖衣杏仁碾碎成细小均匀的颗粒。马达加斯加香草荚剖成两半，去子。和淡奶油一起倒入平底锅煮沸。关火，加入碾碎的红色糖衣杏仁。用电动搅拌器低速搅拌均匀，然后倒入碗中。用保鲜膜封口，放入冰箱冷藏至次日。

制作当天，从冰箱取出糖衣杏仁酱，再取出香草荚。用刷子在直径28厘米的圆形挞模内涂适量黄油。

烤箱调至6挡、预热至180℃。从冰箱取出面团，放在两张保鲜膜之间。用擀面杖将面团擀开，擀成5毫米厚的片。揭掉保鲜膜。

将擀好的面团放入圆形挞模，用擀面杖辅助，将面团紧紧贴在模具的底部和侧壁。放入烤箱烤15~18分钟。

从烤箱取出挞皮。将糖衣杏仁酱倒入挞皮，用抹刀均匀铺开，将表面抹平。

再次将挞皮放入烤箱，烤至糖衣杏仁酱完全沸腾。

出炉，将糖衣杏仁挞放入冰箱冷冻1小时。取出后，脱模。常温保存至食用时。

您可根据个人口味，将糖衣杏仁挞与糖衣杏仁冰激凌或马达加斯加香草冰激凌搭配食用。

# 樱桃克拉芙缇

丹尼尔·于　　　　　　6~8人份　　　　　　准备时间：25分钟
（Daniel Hue）　　　　　　　　　　　　　制作时间：约30分钟

---

**克拉芙缇面团**　牛奶500克◆香草荚1根◆黄油50克◆面粉200克◆细砂糖125克◆鸡蛋300克◆蛋黄80克◆带梗樱桃1千克

---

## 克拉芙缇面团

　　香草荚剖成两半，和牛奶一起倒入平底锅煮沸。关火，将平底锅从炉子上移开，盖上盖子。常温放置，使香草充分渗透在牛奶中。待香草牛奶完全冷却，过滤掉香草荚和香草了。

　　黄油倒入平底锅，小火加热至化开。

　　面粉和细砂糖倒入碗中混合均匀，再加入鸡蛋和蛋黄。将冷却的香草牛奶缓缓倒入鸡蛋面粉混合物，搅拌至面糊变得光滑。加入温热的融化黄油。

　　樱桃洗净、沥干，注意要保留樱桃梗。

## 收尾

　　将烤箱调至6挡、预热至180℃。将面糊倒入直径约30厘米的陶泥或瓷器克拉芙缇模具中，面糊厚度约5毫米。放入烤箱烤6分钟。出炉，将樱桃均匀摆放在克拉芙缇上，注意不要将樱桃梗埋在蛋糕内。再次放入烤箱烤20分钟。注意检查烘烤程度：克拉芙缇表面微微上色即可。

　　出炉，冷却后即可食用。请用吉诺雷樱桃利口酒搭配食用。

# 柠檬蛋白挞

杰罗姆·德·奥利维拉
（Jérôme De Oliveira）

6人份

准备时间：45分钟
制作时间：约2小时15分钟
冷冻时间：3小时
冷藏时间：5小时

---

**柠檬慕斯蛋糕** 柠檬汁120克◆柠檬皮1个◆细砂糖130克◆鸡蛋130克◆蛋黄30克◆玉米淀粉12克◆冷却黄油170克 **利兹油酥挞皮** 鸡蛋1个（熟蛋黄5克）◆糖粉25克◆面粉75克+适量（用于工作台）◆土豆淀粉15克◆细盐1克◆黄油80克◆柠檬皮1/2个（柠檬）**淋面** 水20克◆青柠汁25克◆细砂糖35克◆无色镜面酱140克◆柠檬皮1/2个（柠檬）**烤蛋白** 蛋白100克◆柠檬皮1个（柠檬）◆细砂糖200克 **装饰** 白巧克力100克◆绿色可食用色素3滴 **收尾** 柠檬皮1个

---

### 柠檬慕斯蛋糕

将柠檬汁、柠檬皮、细砂糖、鸡蛋、蛋黄和玉米淀粉一起倒入平底锅加热，持续搅拌至沸腾。关火。冷却至40℃时，加入切块的冷却黄油，用电动搅拌器搅拌。烤盘铺烘焙纸，将直径20厘米的慕斯圈放入烤盘。再将550克柠檬酱倒入慕斯圈。用保鲜膜将慕斯圈封口，再放入冰箱冷冻3小时。

### 利兹油酥挞皮

将鸡蛋放入沸水中煮10分钟（或者用微波炉加热）。鸡蛋冷却后，剥皮。将5克熟蛋黄放入碗中碾碎。加入过筛的面粉、土豆淀粉和细盐。再加入切块的黄油和半个柠檬皮，用橡皮刮刀轻轻搅拌均匀。注意不要过分搅拌。将

面团放入冰箱冷藏3小时。

将烤箱调至6挡，预热至160℃。从冰箱取出面团，在撒有面粉的工作台上将面团擀成3毫米厚的片。再将擀好的面团切成1个直径22厘米的圆形。烤盘铺烘焙纸，将直径20厘米的慕斯圈放入烤盘。再将圆形面饼放入慕斯圈。放入烤箱烤20分钟。出炉，将挞皮放在烤架。冷却后脱模。

### 淋面

将水、青柠汁和细砂糖一起倒入平底锅煮沸。关火，移开平底锅。将无色镜面酱倒入平底锅，用电动搅拌器搅拌。加入柠檬皮，轻轻搅拌。放入冰箱冷藏。

## 烤蛋白

将烤箱调至2~3挡、预热至80℃。将蛋白倒入碗中，隔水加热。将细砂糖缓缓倒入蛋白打发，并加热至50℃。蛋白需打发至湿性发泡。将柠檬皮倒入打发蛋白中，轻轻搅拌。将蛋白霜倒入套有6号裱花嘴的裱花袋中。烤盘铺烘焙纸，用裱花袋将蛋白霜挤在烤盘上。放入烤箱烤1小时30分钟。

## 装饰

白巧克力调温（具体做法见第310页）。加入绿色可食用色素搅拌均匀。用抹刀将绿色巧克力酱铺在保鲜膜上，表面抹平，常温放置凝固。

## 收尾

将柠檬慕斯蛋糕放在烤盘中的烤架上。从冰箱取出淋面酱，用电动搅拌器搅拌，然后浇在柠檬慕斯蛋糕上。用刮刀去除多余部分。待淋面酱稍稍凝固后，将柠檬慕斯蛋糕放在冷却的挞皮上。表面撒青柠皮。将烤蛋白紧贴柠檬挞侧壁，依次摆放，方向与柠檬挞垂直。根据个人喜好，在柠檬挞表面摆放烤蛋白霜。将凝固的绿色巧克力切块。摆放在柠檬挞表面的烤蛋白之间。将蛋白柠檬挞放入冰箱冷藏2小时，即可食用。

## 柠檬

制作这款蛋糕的每一个环节（酥挞皮和烤蛋白所需的柠檬果皮、奶酱所需的柠檬汁、淋面所需的柠檬汁和果皮）都需要用到柠檬。不同产地、不同品种的柠檬具有不同的味道，而并不是仅仅带有单一的酸味。蓝色海岸地区盛产柑橘，因此我常常选用"我的专属供应商"雅克琳娜·埃弗拉（Jacqueline Evrard）家的芒顿柠檬。

# 薄荷芝麻菜覆盆子挞

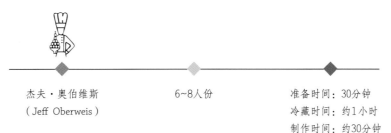

杰夫·奥伯维斯
（Jeff Oberweis）

6~8人份

准备时间：30分钟
冷藏时间：约1小时
制作时间：约30分钟
浸泡时间：10分钟

---

**甜挞皮** 鸡蛋40克◆化黄油100克+适量（涂抹模具）◆糖粉80克◆杏仁粉100克◆面粉190克+适量（用于工作台）◆细盐1克 **蛋黄酱** 蛋黄2个◆淡奶油10克 **薄荷奶油** 淡奶油300克◆新鲜薄荷叶6克◆吉利丁片6克◆细砂糖20克+20克◆蛋黄80克 **装饰和收尾** 新鲜覆盆子250克◆橄榄油1汤匙◆香草英1/4根◆芝麻菜20克

---

### 甜挞皮

　　鸡蛋倒入碗中，用叉子搅打。将化黄油和糖粉倒入另一个碗中，用手指搅拌均匀。将蛋液倒入黄油中，再加入杏仁粉、面粉和细盐。快速搅拌成均匀光滑的面团。将面团揉成圆球，再按扁。用保鲜膜包裹面团，放入冰箱冷藏约1小时。注意不要让面团变硬。

　　将烤箱调至5~6挡、预热至170℃。从冰箱取出面团，在撒有面粉的工作台上将面团擀成5毫米厚的片。将长27厘米、高2厘米的椭圆形模具放在擀好的面团上，切出1个椭圆形面饼。再将剩余的面团切成长27厘米、宽2厘米的长条。用刷子在椭圆形模具内壁涂适量黄油。烤盘铺烘焙纸，将模具放入烤盘。将椭圆形面饼放入模具底部，再蘸取少量水将长条面团紧贴在模具内壁。放入烤箱烤15分钟。

### 蛋黄酱

　　将蛋黄和淡奶油倒入碗中，搅拌均匀。从烤箱取出挞皮。将蛋黄酱均匀涂在挞皮上，再次放入烤箱烤几分钟。出炉，放在烤架上冷却后脱模。

### 薄荷奶油

　　淡奶油倒入平底锅，加热至温热。关火，加入新鲜薄荷叶。用保鲜膜封口，浸泡10分钟。取出薄荷叶。将吉利丁片放入冷水中软化10分钟。将20克细砂糖和蛋黄打发至慕斯状。将20克细砂糖倒入薄荷奶油中，加热至沸腾。关火，将打发蛋黄倒入薄荷奶油中，快速搅拌。小火加热至薄荷奶油变得温热，但不要煮沸。关火，将平底锅浸入盛有冰块的冷水中。将化黄油、沥干的明胶片倒入热薄荷奶油中，轻轻搅拌。薄荷奶油冷却后，均匀涂在挞皮上，用抹刀将表面抹平。

### 装饰和收尾

将覆盆子均匀摆放在薄荷奶油上。香草荚剖成两半，取出香草子。将香草子倒入橄榄油中。芝麻菜洗净、沥干。食用蛋糕前，将芝麻菜和橄榄油、香草子混合均匀，倒入覆盆子挞即可。

# 迷你马卡龙挞

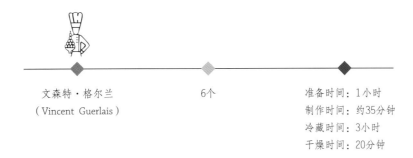

文森特·格尔兰
（Vincent Guerlais）

6个

准备时间：1小时
制作时间：约35分钟
冷藏时间：3小时
干燥时间：20分钟

---

**甜挞皮** 面粉190克+适量（用于工作台）◆化黄油95克◆糖粉70克◆细盐1克◆杏仁粉25克◆鸡蛋40克 **覆盆子果酱** 新鲜覆盆子100克◆细砂糖70克◆柠檬1个 **马卡龙** 糖粉205克◆杏仁粉205克◆细砂糖160克+水37克◆蛋白72克+60克◆覆盆子红可食用色素3~4滴 **覆盆子香缇奶油** 马斯卡彭奶酪30克◆淡奶油100克◆细砂糖20克◆覆盆子果酱20克 **收尾** 小竹签6根◆覆盆子果酱夹心马卡龙6个◆覆盆子6个

---

## 甜挞皮

面粉过筛。将化黄油、糖粉、细盐、杏仁粉和蛋液搅拌均匀。加入面粉，再次搅拌均匀，但不要过多揉面。用保鲜膜包裹面团，放入冰箱冷藏3小时。

将烤箱调至6挡、预热至180℃。从冰箱取出面团，在撒有面粉的工作台上擀开。将面团放入6个直径7厘米的慕斯圈底部。用叉子在挞皮上均匀扎洞。放入烤箱烤7分钟。出炉，放在烤架上冷却、脱模。

## 覆盆子果酱

将覆盆子和细砂糖倒入平底锅，小火加热至沸腾。沸腾后，继续加热15分钟。加热的过程中，注意除去果酱的浮渣。关火，将新鲜柠檬挤汁，倒入果酱。搅拌均匀后，常温冷却。

## 马卡龙

糖粉和杏仁粉过筛，倒入碗中。将160克细砂糖和水 起倒入平底锅加热至118℃。同时，将72克蛋白用电动打蛋器中速打发。将热糖浆缓缓倒入打发蛋白中。将60克蛋白和覆盆子红可食用色素倒入另一个碗中，用电动打蛋器打发。加入蛋白糖浆，轻轻搅拌。再加入糖粉和杏仁粉，再次搅拌均匀。将马卡龙面糊倒入套有6号裱花嘴的裱花袋中。烤盘铺烘焙纸，用裱花袋在烤盘上挤出直径3厘米的马卡龙面糊。常温干燥20分钟。

将烤箱调至5~6挡、预热至160℃。将干燥后的马卡龙面糊放入烤箱烤12分钟。出炉，将烤好的马卡龙放在另一张烘焙纸上冷却。

将覆盆子果酱倒入裱花袋，先均匀涂在一片马卡龙饼上，再和另一片未涂果酱的马卡龙饼贴在一起，将果酱夹在中间。

## 覆盆子香缇奶油

　　将马斯卡彭奶酪倒入碗中搅拌成柔软细腻的质地。加入淡奶油、细砂糖和覆盆子果酱，打发成香缇奶油。将覆盆子香缇奶油倒入专用裱花袋中。

## 收尾

　　在每个挞皮上先涂一层0.5厘米厚的覆盆子果酱，再垂直摆放3个覆盆子果酱夹心马卡龙。用裱花袋将覆盆子香缇奶油绕着马卡龙挤成波浪形。用小竹签将第4个马卡龙和1个新鲜覆盆子串在一起，放在挞顶装饰。即可食用。

# 黄杏千层挞

米歇尔·卡鲁耶
（Michel Galloyer）

2个
（各6人份）

提前一天准备
准备时间：15分钟（前一天）
　　　　　　30分钟（当天）
制作时间：约35分钟
冷藏时间：13小时
发酵时间：1小时30分钟至2小时

---

**千层挞皮** 面包专用酵母18克+冷水140克◆面粉450克+适量（用于工作台）◆细盐9克◆细砂糖70克◆高脂鲜奶油70克◆冷冻黄油180克◆细砂糖50克◆鸡蛋1个（制作蛋黄酱）**夹心** 半瓣杏脯糖浆40个◆杏仁粉60克◆红糖适量 **收尾** 无色镜面酱适量◆开心果碎适量◆糖粉适量

---

### 千层挞皮

提前一天准备。将面包专用酵母倒入冷水中搅拌片刻。将面粉倒入另一个碗中，加入细盐、70克细砂糖和高脂鲜奶油，搅拌均匀。将和冷水混合的酵母缓缓倒入面粉，开始揉面，直到面团变得有弹性并开始粘在碗壁上。继续揉面，直到面团变得光滑、均匀。用保鲜膜封口。放入冰箱冷藏至次日。

制作当天，从冰箱取出面团，将面团压扁。放在撒有面粉的工作台上，用擀面杖擀成1厘米厚的正方形面片。再用擀面杖将冷冻黄油擀成比面团略小的正方形。将正方形黄油块旋转45°放于正方形面团上。将面团沿黄油边缘向内折叠，再次折叠成正方形。将包有黄油块的正方形擀成长约50厘米、宽约20厘米的长方形。再沿长方形长边将面团折叠成三折：第

一次折叠完成。将面团旋转90°，再次擀成长方形。按照之前的折叠方式再次折叠面团：第二次折叠完成。用保鲜膜包裹面团，放入冰箱冷藏1小时以上。

从冰箱取出面团，沿着面团折叠反方向，再次将面团擀成长方形。最后将面团沿长边方向对折，放入冰箱冷藏1小时。

从冰箱取出面团，用擀面杖将面团擀成约4毫米厚的长方形。借助1个直径22厘米的慕斯圈和烘焙刀将面团切成2个直径为22厘米的圆形挞皮。烤盘铺烘焙纸，将2个直径22厘米的慕斯圈放入烤盘。分别将50克糖均匀地撒入2个慕斯圈底部。拿掉慕斯圈，将挞皮放在细砂糖上。鸡蛋倒入碗中打散。用刷子将蛋液均匀刷在挞皮表面。

## 夹心

将半瓣杏脯糖浆倒入滤碗、沥干水分。分别将60克杏仁粉均匀撒在2个挞皮上，再依次将20个沥干的半瓣杏脯摆放在挞皮上。将挞皮置于约25℃的室温下，醒发1小时30分钟至2小时。

烤箱调至5~6挡、预热至170℃。将红糖均匀撒在醒发好的挞皮上。放入烤箱烤35分钟左右。出炉，将杏挞放在烤架上冷却。

## 收尾

将无色镜面酱均匀浇在2个杏挞上。再均匀撒入开心果碎。糖粉过筛，轻轻撒在杏挞边沿。即可食用。

# 约会时刻

让·保罗·伊万
（Jean-Paul Hévin）

2个
（各5人份）

准备时间：25分钟
制作时间：约25分钟
冷藏时间：2小时

---

**巧克力挞皮** 可可含量为63%的马达加斯加顶级黑巧克力40克◆化黄油210克◆糖粉130克◆杏仁粉44克◆香草粉0.5克◆细盐1小撮◆鸡蛋70克◆面粉350克 **巧克力甘纳许** 可可含量为63%的马达加斯加顶级黑巧克力340克◆淡奶油500克◆百花蜜10克 **收尾** 可可含量为63%的马达加斯加顶级黑巧克力200克◆烤蛋白（自选）2个◆食用金箔粉适量

---

## 巧克力挞皮

将马达加斯加顶级黑巧克力切块倒入碗中，用隔水加热法化开。将化黄油、糖粉、杏仁粉、香草粉和细盐倒入另一个碗中混合均匀。再依次加入鸡蛋、面粉和化巧克力，再次搅拌至面团变得光滑。用保鲜膜包裹面团。放入冰箱冷藏2小时。

烤箱调至6挡、预热至180℃。从冰箱取出面团，放在撒有面粉的工作台上擀成薄薄的面饼。借助直径22厘米的慕斯圈将面饼切出2个直径为22厘米的挞皮。烤盘铺烘焙纸，将2个直径22厘米的慕斯圈放入烤盘。再将2张挞皮放入慕斯圈。放入烤箱烤20分钟左右。出炉，放在烤架上冷却后脱模。

## 巧克力甘纳许

将马达加斯加顶级黑巧克力切块倒入碗中，隔水加热至化开。将淡奶油和百花蜜一起倒入平底锅加热至沸腾。分3次将热奶油缓缓倒入融化的巧克力中，并不断由中心向外画圈搅拌。将巧克力甘纳许均匀涂在2张挞皮上。放入冰箱冷藏15分钟。从冰箱取出挞皮，常温保存。

## 收尾

按个人喜好装饰巧克力挞。也可将巧克力调温（具体做法见第310页）。将调温巧克力平铺在保鲜膜上，薄薄铺一层。待巧克力完全凝固后，用刀将巧克力切出时钟指针的造型。将食用金箔粉均匀撒在2个烤蛋白球上，再将金箔蛋白球分别放在2个巧克力挞中间。再将指针样式的巧克力摆放在蛋白球旁边，即可食用。

**巧克力**

　　我一直在寻找令我满意的巧克力。有时候，巧克力会给我带来灵感。就像我在不断改进食谱的过程中，有时候换一种巧克力作为原料，反而会得到意想不到的效果。这款"约会时刻"，我选用了一款秘鲁巧克力。我喜欢这款巧克力在烘焙过程中散发的香料味和干果味，这些香气与油酥挞皮完美地结合在一起。

# 罗勒青柠挞

蒂埃里·穆豪普特
（Thierry Mulhaupt）

6人份

准备时间：40分钟
冷藏时间（醒面）：5小时
制作时间：约30分钟

---

**甜挞皮** 面粉500克◆化黄油300克◆白杏仁粉60克◆糖粉180克◆鸡蛋2个◆细盐5克 **罗勒青柠酱** 黄油165克◆细砂糖65克+65克◆柠檬皮1个（青柠檬）◆青柠汁110克◆鸡蛋120克◆新鲜罗勒叶6克 **收尾** 橄榄油100克+新鲜罗勒叶20片◆青柠檬1个

---

## 甜挞皮

　　将面粉和化黄油倒入碗中，用手指搅拌成沙粒状。加入白杏仁粉和过筛的糖粉。鸡蛋倒入另一个碗中打发，撒入细盐，轻轻搅拌至充分溶解。将打发的蛋液倒入面粉中，搅拌成面团，但注意不要过分揉面。将面团均匀分成4份，每份约300克。用保鲜膜裹好面团，放入冰箱冷藏2小时。面团可在冰箱冷藏保存1周，或者冷冻储存。

　　烤盘铺烘焙纸，将直径22厘米、高2厘米的慕斯圈放入烤盘。从冰箱取出1份面团，在撒有面粉的工作台上擀成2~3毫米厚的挞皮，放入慕斯圈。去除多余部分，使挞皮铺满慕斯圈底部。用刀在挞皮表面划"十"字，防止挞皮在烤的过程中膨胀。

　　将烤箱调至5~6挡、预热至170℃。将挞皮放入烤箱烤15~20分钟。出炉，将挞皮放在烤架上。冷却后脱模。

## 罗勒青柠酱

　　将黄油、65克细砂糖、柠檬皮和青柠汁一起倒入平底锅加热至沸腾。将鸡蛋和65克细砂糖倒入碗中打发至起泡，然后缓缓倒入平底锅。再次加热平底锅，持续搅拌至青柠酱沸腾。

　　罗勒叶洗净、沥干、碾碎。倒入煮沸的青柠酱中，用电动搅拌器搅拌。当冷却至50℃时，均匀涂在挞皮上。将挞皮放入冰箱冷藏3小时。

## 收尾

　　罗勒叶洗净、沥干。和橄榄油一起倒入碗中，用电动搅拌器搅拌均匀。罗勒橄榄油可放入冰箱冷藏保存。用汤匙将罗勒橄榄油均匀撒在挞皮上。青柠檬洗净、沥干。用刨丝器将青柠檬皮刨成细丝，均匀撒在挞皮上，即可食用。

# 卡布奇诺冰激凌挞

| 杰夫·奥伯维斯<br>（Jeff Oberweis） | 5人份 | 提前一天准备<br>准备时间：15分钟（前一天）<br>　　　　　45分钟（当天）<br>制作时间：20分钟（前一天）<br>　　　　　约1小时（当天）<br>浸泡时间：1小时（前一天）<br>冷藏时间：12小时<br>冷冻时间：2小时 |

---

**香草冰激凌** 牛奶560克◆香草荚1根◆脂肪含量为35%的淡奶油225克◆蛋黄90克◆细砂糖160克 **牛奶巧克力圈** 牛奶巧克力100克 **榛果巧克力挞皮** 带皮榛子100克◆细砂糖75克◆牛奶巧克力80克◆法式薄脆片50克（或用碾碎的冰激凌甜筒皮代替）◆大米花50克 **百利甜酒奶酱** 脂肪含量为35%的淡奶油110克◆牛奶巧克力65克◆细砂糖50克◆葡萄糖粉45克◆水35克◆牛奶12克◆百利甜酒80克 **咖啡奶油酱** 淡奶油100克◆蛋黄40克◆细砂糖30克+30克◆意式浓缩咖啡60克◆速溶咖啡3克 **意式蛋白霜** 细砂糖165克◆水45克◆蛋白90克◆可可粉适量

---

### 香草冰激凌

　　提前一天准备。香草荚剖成两半，去子。再和牛奶一起倒入平底锅加热至25℃。关火，浸泡1小时。取出香草荚，再次加热香草牛奶。当香草牛奶加热至35℃时，加入淡奶油、蛋黄和细砂糖。边搅拌边加热至85℃。关火，迅速将平底锅浸入盛有冰块的冷水中。将冷却的香草奶油倒入碗中，保鲜膜封口，放入冰箱冷藏至次日。

### 牛奶巧克力圈

　　当天，将烤盘放入冰箱冷冻。巧克力切块，倒入碗中，用隔水加热法化开。从冰箱取出冷冻烤盘，将融化的巧克力酱倒入烤盘，快速铺平。立刻将巧克力切成5个长16厘米、宽2厘米的长条。将巧克力条从烤盘取出，卷成直径为5厘米的巧克力圈。

### 榛果巧克力挞皮

　　将烤箱调至3~4挡、预热至100℃。

　　将带皮榛子倒入烤盘，放入烤箱烤30分钟，其间翻搅几次榛子，以防烤焦。将烤榛子倒入筛子，用布盖住，摇晃筛子使榛子皮脱落。将去皮的烤榛子和细砂糖一起倒入碗中，搅拌均匀。牛奶巧克力切块，倒入碗中，用隔水加热法化开。将融化的巧克力倒入装有榛子和细砂糖的碗中。再加入法式薄脆片和大米花，搅拌均匀。将榛果巧克力酱倒入长27厘米、宽2厘米、高1厘米的椭圆形烤盘。放入冰箱冷冻。

榛果巧克力冷冻期间，将香草奶油倒入冰激凌机，按照使用说明制成香草冰激凌。香草冰激凌完成后，立刻从冰箱取出榛果巧克力挞皮，将香草冰激凌倒入烤盘，用抹刀将表面抹平。再将5个巧克力圈交错摆放在香草冰激凌挞上。放入冰箱冷冻。

### 百利甜酒奶酱

淡奶油打发。牛奶巧克力切块，倒入碗中，用隔水加热法化开。

将细砂糖和葡萄糖粉一起倒入平底锅加热，熬成焦糖。关火，将打发奶油倒入平底锅。再加入水和牛奶，将奶酱加热至40℃。关火。加入百利甜酒和化巧克力。混合均匀后，倒入碗中。再放入冰箱冷冻几分钟。从冰箱取出百利甜酒奶酱，均匀分成5份。再分别放入香草冰激凌挞上的5个巧克力圈中。再次放入冰箱冷冻。

### 咖啡奶油酱

淡奶油打发。蛋黄和30克细砂糖一起打发至湿性发泡。将意式浓缩咖啡、速溶咖啡和30克细砂糖混合。加入打发蛋黄。将上述混合物倒入平底锅，不断搅拌加热至85℃。关火，迅速将平底锅浸入盛有冰块的冷水中。冷却后，将打发奶油倒入平底锅，轻轻搅拌均匀。从冰箱取出香草冰激凌挞，将咖啡奶油酱倒入巧克力圈，用抹刀将表面抹平。再次放入冰箱冷冻。

### 意式蛋白霜和收尾

将细砂糖和水倒入平底锅加热，熬成糖浆。当糖浆开始微微冒泡时，开始打发蛋白。当糖浆加热至120℃时，关火。将热糖浆缓缓倒入打发蛋白中，轻轻搅拌均匀。从冰箱取出香草冰激凌挞，缓缓将意式蛋白霜倒入巧克力圈，将表面抹平。可可粉过筛，均匀撒在蛋白霜表面。将香草冰激凌挞放入冰箱冷冻，食用时取出即可。

# 轻柠檬挞

| 约翰·劳克斯<br>（John Kraus） | 2个<br>（各6人份） | 准备时间：1小时15分钟<br>制作时间：约1小时<br>冷藏时间：3小时<br>冷冻时间：约2小时 |
| --- | --- | --- |

---

**油酥挞皮** 面粉150克+适量（用于工作台）◆糖粉90克◆酵母4.5克◆黄油105克◆盐之花3.5克◆蛋液30克 ◆朗姆酒3克 **柠檬达克瓦兹** 糖粉135克◆杏仁粉135克◆柠檬皮2个（柠檬）◆蛋白173克◆糖粉57克◆柠 檬汁18克 **罗勒柠檬酱** 吉利丁片3.4克+水17克◆柠檬汁110克◆细砂糖78克+77克◆蛋液138克◆柠檬皮 1个（柠檬）◆罗勒叶5克◆黄油150克 **柠檬慕斯** 吉利丁片7.5克+水45克◆蛋黄37.5克◆糖粉25克◆柠檬 汁15克◆柠檬皮2个◆全脂牛奶90克◆意式蛋白霜60克（做法附后）◆淡奶油250克 **意式蛋白霜** 细砂糖 140克◆水47克◆蛋白75克 **淋面** 吉利丁片20克◆白巧克力300克◆糖粉200克◆葡萄糖300克◆黄色可食用 色素1.5克◆炼乳200克 **收尾** 白巧克力200克◆食用银箔片适量◆罗勒叶适量

---

## 油酥挞皮

　　将面粉、糖粉、酵母、切块的黄油和盐之 花一起倒入搅拌机，搅拌成粗砂质面团。加入 蛋液和朗姆酒，再次搅拌。揉成光滑的圆形 面团。用保鲜膜包裹面团，放入冰箱冷藏1小 时。将烤箱调至5挡、预热至150℃。从冰箱取 出面团，在撒有面粉的工作台上将面团擀成4 毫米厚的面片。将挞皮放入2个直径14厘米的 慕斯圈。去除多余面团。放入烤箱烤20分钟左 右，烤至挞皮呈现金黄色。出炉，脱模，将挞 皮放在烤架上冷却。

## 柠檬达克瓦兹

　　将烤箱调至6~7挡、预热至200℃。将糖 粉、杏仁粉和柠檬皮倒入碗中搅拌均匀。蛋白 和糖粉打发至湿性发泡，倒入杏仁粉中。再加 入柠檬汁，轻轻搅拌均匀。烤盘铺烘焙纸，将 2个直径14厘米的慕斯圈放入烤盘。将达克瓦 兹面糊倒入慕斯圈，约1厘米的厚度。放入烤 箱烤10分钟。出炉，放在烤架上冷却。脱模， 用保鲜膜包裹达克瓦兹。放入冰箱冷冻备用。

## 罗勒柠檬酱

　　将吉利丁片放入水中软化15分钟。将柠檬 汁和78克细砂糖倒入碗中，搅拌均匀。将蛋液和77克细砂糖倒入碗中，搅拌均匀。加入柠檬糖汁、柠檬皮和碾碎的罗勒叶，再次搅拌均匀。将碗放入平底锅，隔水加热。滤网过滤罗勒柠檬汁，倒入碗中。依次加入软化、沥干的明胶片和黄油。用电动搅拌器将罗勒柠檬酱搅拌成乳状。

## 柠檬慕斯

将吉利丁片放入水中软化15分钟。蛋黄和糖粉倒入碗中，搅拌均匀。将柠檬汁和柠檬皮倒入平底锅加热至40℃。再将热柠檬汁和全脂牛奶倒入蛋黄中。轻轻搅拌后将柠檬汁重新倒回平底锅，继续加热搅拌至82℃。关火，加入软化、沥干的吉利丁片，轻轻搅拌。常温放置柠檬酱，冷却至35℃。柠檬酱冷却期间，开始制作意式蛋白霜（做法附后）并将淡奶油倒入碗中打发。

## 意式蛋白霜

将细砂糖和水倒入平底锅加热至118℃，熬成糖浆。当糖浆温度达到110℃时，将蛋白稍稍打发。将热糖浆缓缓倒入打发蛋白中，用电动搅拌器高速搅拌至蛋白霜冷却。

## 夹心

用橡皮刮刀将柠檬酱和意式蛋白霜轻轻搅拌均匀。加入打发奶油，再次轻轻搅拌。

将柠檬慕斯倒入2个直径14厘米的硅胶半球形模具。从冰箱取出达克瓦兹，放入模具。再将罗勒柠檬酱倒入模具。最后再倒入柠檬慕斯，将表面抹平。将模具放入冰箱冷冻2小时以上。

## 淋面

将吉利丁片放入水中软化15分钟。白巧克力切块，倒入碗中。

将糖粉、葡萄糖和黄色可食用色素倒入平底锅加热至103℃。关火，加入炼乳和软化、沥干的吉利丁片，搅拌均匀。将糖浆倒入巧克力块中，用刮刀不断搅拌。将碗放入热水中，隔水加热，使淋面酱保持在28℃。

从冰箱取出半球形模具，脱模，放在烤架上。将28℃的淋面酱浇在半球形夹心表面。去除边沿多余的部分后，放在挞皮上。

## 收尾

将烘焙纸切出2条长18厘米、宽2厘米的长条。白巧克力切块倒入碗中，用隔水加热法化开。将融化的巧克力酱涂在烘焙纸条上，沿着2个直径14厘米的慕斯圈围成圈，直到巧克力凝固定形。

将柠檬挞放入白色巧克力圈中。用食用银箔片和罗勒叶按照个人喜好装饰柠檬挞。再将柠檬挞放入冰箱冷藏2小时。食用时取出即可。

# 柑橘挞

雷纳尔德·皮特
（Reynald Petit）

6~8人份

提前一天准备
准备时间：30分钟（前一天）
　　　　　25分钟（当天）
制作时间：约8分钟（前一天）
　　　　　约32分钟（当天）
冷藏时间：4×12小时

---

**柑橘蛋糕** 蛋黄90克◆细砂糖135克◆淡奶油76克◆面粉100克◆酵母2克◆橙皮2克◆黄油40克◆朗姆酒5克
**糖浆和柑橘片** 水500克◆细砂糖250克◆香草荚1根◆柑曼怡力娇酒100克◆橙子3个◆葡萄柚2个 **橙子甘纳许** 黄油100克◆橙汁65克◆橙皮1个◆细砂糖65克◆鸡蛋50克◆白巧克力110克 **油酥挞皮** 化黄油100克◆杏仁粉20克◆糖粉65克◆蛋液40克◆面粉170克◆橙皮1/2个（橙子）◆柠檬皮1/2个（柠檬）◆葡萄柚皮1/2个（葡萄柚）◆盐之花1小撮◆香草粉1小撮 **淋面** 无色镜面酱200克◆橙皮1/2个（橙子）◆柠檬皮1/2个（柠檬）◆香草粉1小撮 **收尾** 白巧克力200克◆食用银箔片适量◆罗勒叶适量

---

### 柑橘蛋糕

　　提前一天准备。将蛋黄、细砂糖、淡奶油、面粉、酵母、橙皮、黄油和朗姆酒倒入自动搅拌器中搅拌2分钟。将蛋糕面糊倒入碗中，保鲜膜封口，放入冰箱冷藏至次日。

### 糖浆和柑橘片

　　香草荚剖成两半，去子。再和水、细砂糖一起倒入平底锅加热至沸腾。关火，加入柑曼怡力娇酒，轻轻搅拌。快速剥掉橙子皮和葡萄柚皮，沿着白色的络切成片。将橙子片和葡萄柚片倒入温热的柑曼怡糖浆中。取出香草荚，常温放至次日，完全干燥。

### 橙子甘纳许

　　黄油倒入碗中，用隔水加热法化开。加入橙汁、橙皮和细砂糖，用电动搅拌器搅拌均匀。再加入蛋液，继续搅拌30分钟。白巧克力切块，倒入碗中。将化黄油分2次倒入装有白巧克力的碗中，并不断由中心向外画圈搅拌。用保鲜膜将碗封口，放入冰箱冷藏至次日。

### 油酥挞皮

　　将化黄油、杏仁粉和糖粉倒入搅拌机，搅拌2分钟。依次加入蛋液、面粉、橙皮、柠檬皮、葡萄柚皮、盐之花和香草粉，继续搅拌。将面团揉成圆球。用保鲜膜包裹面团，放入冰箱冷藏至次日。

当天，将橙子片和葡萄柚片放在吸水纸上吸干水分。

将烤箱调至6挡、预热至180℃。从冰箱取出面团，擀成3厘米厚的面片。烤盘铺烘焙纸，将直径20厘米的慕斯圈放入烤盘。再将擀好的挞皮放入慕斯圈。放入烤箱烤20分钟。出炉，放在烤架上冷却。烤箱温度保持180℃。在烤盘内重新铺烘焙纸，将直径18厘米的慕斯圈放入烤盘。从冰箱取出柑橘蛋糕面糊，倒入慕斯圈，约2毫米的厚度。用曲柄抹刀将表面抹平。放入烤箱烤10分钟。出炉，放在烤架上冷却。

## 淋面

将无色镜面酱、橙皮、柠檬皮和香草粉一起倒入平底锅加热。

## 收尾

将柑橘蛋糕放在油酥挞皮上。用刷子将橙子甘纳许自上而下均匀涂满柑橘挞。用抹刀将表面抹平。将橙子片和葡萄柚片交替摆放在柑橘挞表面，摆成玫瑰花形。用刷子将温热的淋面均匀涂在橙子片和葡萄柚片上。用三角抹刀将白巧克力削成如图所示的巧克力片，和食用银箔片一同撒在柑橘挞表面。用适量罗勒叶装饰后，即可食用。

# 草莓挞

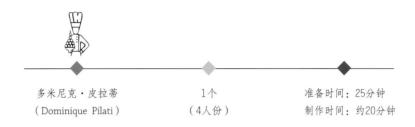

多米尼克·皮拉蒂
（Dominique Pilati）

1个
（4人份）

准备时间：25分钟
制作时间：约20分钟

---

**达克瓦兹** 糖粉90克◆杏仁粉72克◆蛋白90克◆细砂糖90克◆面粉18克◆黄油适量（涂抹模具）**卡仕达酱**
半脱脂牛奶200克◆香草荚1/2根◆蛋黄16克◆细砂糖50克◆布丁粉（袋装）20克◆黄油30克 **收尾** 草莓
500克◆糖粉适量◆无色镜面酱（袋装）适量

---

## 达克瓦兹

糖粉和杏仁粉分别过筛。将细砂糖缓缓倒入蛋白中，一起打发。当打发至湿性发泡时，依次加入糖粉、杏仁粉和面粉，用橡皮刮刀上下轻轻搅拌。

烤箱调至5~6挡、预热至160℃。将面糊倒入套有13号裱花嘴的裱花袋中。

用刷子在直径18厘米的慕斯圈内壁涂适量黄油。烤盘铺烘焙纸，将慕斯圈放入烤盘。先用裱花袋将慕斯圈底部涂满面糊，再沿着慕斯圈挤出一圈面糊球。放入烤箱烤10分钟，烤到一半时间时，转动烤盘方向。

出炉，将达克瓦兹放在烤架上。冷却后脱模。

## 卡仕达酱

香草荚剖成两半，去子。和半脱脂牛奶一起倒入平底锅煮沸。将蛋黄和细砂糖倒入碗中，混合均匀。将热香草牛奶缓缓倒入打发蛋黄中，用电动搅拌器快速搅拌。加入布丁粉，轻轻搅拌。将香草蛋奶酱重新倒回平底锅，小火加热，不断搅拌至沸腾。当香草蛋奶酱温度降到60℃时，加入黄油，轻轻搅拌。将制作完成的卡仕达酱倒入碗中。保鲜膜封口，常温冷却。

## 收尾

草莓洗净、沥干、去梗，切成两半。

糖粉过筛，撒在达克瓦兹边缘的圆球表面。用卡仕达酱涂满达克瓦兹底部，用勺背将表面抹平。剩余的卡仕达酱可用于制作其他甜点。将切半的草莓均匀摆放在卡仕达酱上。按照使用说明，用刷子将镜面酱均匀涂在草莓上。即可食用。

# 甜橙挞

伯纳德·普罗特　　　　　2个　　　　　　提前一天准备
（Bernard Proot）　　　（各6人份）　　　准备时间：1小时15分钟（前一天）
　　　　　　　　　　　　　　　　　　　　　　　　　　10分钟（当天）
　　　　　　　　　　　　　　　　　　　　制作时间：约50分钟（前一天）
　　　　　　　　　　　　　　　　　　　　冷藏时间：2小时30分钟+2×12小时

---

**油酥挞皮** 化黄油235克◆细砂糖150克◆杏仁粉50克◆鸡蛋100克◆面粉475克+适量（用于工作台）◆细盐1克 **英式蛋奶酱** 脂肪含量为35%的淡奶油150克◆牛奶150克◆细砂糖75克◆蛋黄45克 **榛子杏仁蛋糕** 蛋黄135克◆细砂糖100克+30克◆榛子粉100克◆蛋白90克◆黄油20克◆面粉30克 **甜橙酱** 吉利丁粉3克+水15克◆鸡蛋100克◆细砂糖115克◆新鲜橙汁150克◆常温黄油35克 **法芙娜度思巧克力酱** 吉利丁粉2.6克+水13克◆法芙娜度思（Dulcey）巧克力325克◆可可脂20克◆英式蛋奶酱290克（做法附后） **收尾** 月桂焦糖饼干3块

---

## 油酥挞皮

　　提前一天准备。将化黄油、细砂糖和杏仁粉倒入碗中，用手指搅拌均匀。依次加入鸡蛋，再加入面粉和细盐，揉成圆形面团。用保鲜膜包裹面团，放入冰箱冷藏2小时。

　　烤箱调至5~6挡、预热至170℃。从冰箱取出面团，平均分成2份。将2份面团放在撒有面粉的工作台分别擀开。烤盘铺烘焙纸，将2个直径18厘米的慕斯圈放入烤盘。再将擀好的挞皮放入慕斯圈。放入烤箱烤12~15分钟。出炉，放在烤架上冷却，脱模。

## 英式蛋奶酱

　　将淡奶油和牛奶倒入平底锅煮沸。蛋黄和细砂糖倒入碗中打发至湿性发泡。将热奶油缓缓倒入打发蛋黄中，不断搅拌。将混合均匀的蛋奶重新倒回平底锅，小火加热。持续搅拌至蛋奶酱温度达到85℃。关火，将平底锅浸入盛有冰块的冷水中，冷却。

## 榛子杏仁蛋糕

　　将蛋黄、100克细砂糖和榛子粉倒入碗中打发至湿性发泡。蛋白和30克细砂糖一起打发。黄油用隔水加热法化开。将打发后的蛋黄混合物缓缓倒入打发蛋白中。再加入面粉，轻轻搅拌均匀。加入冷却的化黄油，轻轻搅拌。将混合均匀的蛋糕糊倒入套有8号裱花嘴的裱花袋中。

烤箱调至6~7挡、预热至200℃。烤盘铺烘焙纸，将2个直径16厘米的慕斯圈放入烤盘。再用裱花袋将蛋糕糊挤入慕斯圈。放入烤箱烤6分钟。出炉，放在烤架上冷却，脱模。

## 甜橙酱

将吉利丁粉倒入水中。蛋液、细砂糖和橙汁倒入平底锅，用小火加热，不断搅拌至85℃。关火。待橙汁冷却至40℃时，加入水化的吉利丁和常温黄油，轻轻搅拌。将甜橙酱均匀涂在挞皮上，高度约为挞皮高度的1/2。将剩余甜橙酱倒入4个直径为2厘米和10个直径为1.5厘米的半球形硅胶模具中。放入冰箱冷藏至次日。

## 法芙娜度思巧克力酱

将吉利丁粉倒入冷水。将法芙娜度思巧克

力和可可脂切块，倒入碗中，用隔水加热法加热至40℃使其化开。将290克英式蛋奶酱加热至30℃，然后缓缓倒入装有巧克力液和可可脂块的碗中，用电动搅拌器搅拌均匀。加入水化的吉利丁，用电动搅拌器再次搅拌均匀。将榛子杏仁蛋糕放在涂有甜橙酱的挞皮上。将甜橙挞再次放入冰箱冷藏30分钟。然后在甜橙挞表面均匀涂一层巧克力酱，注意与挞边留2毫米的距离。将剩余巧克力酱倒入碗中，用保鲜膜封口，放入冰箱冷藏至次日。

## 收尾

当天，从冰箱取出巧克力酱，倒入套有4号裱花嘴的裱花袋中。从冰箱取出半球形模具，脱模。将甜橙球依次摆放在甜橙挞表面。用裱花袋将巧克力酱挤成巧克力球，与甜橙球交替摆放。将月桂焦糖饼干碾碎，撒在甜橙球和巧克力球周围装饰。将甜橙挞放入冰箱冷藏。食用时取出即可。

# 亚细亚花挞

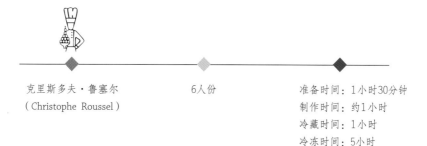

克里斯多夫·鲁塞尔
（Christophe Roussel）

6人份

准备时间：1小时30分钟
制作时间：约1小时
冷藏时间：1小时
冷冻时间：5小时

---

**杏子酱** 杏肉果泥105克◆水16克◆细砂糖20克◆玉米粉3克◆X58果胶1.6克◆化黄油30克◆杏子酒5克 **巧克力香缇奶油** 可可含量为33%的法芙娜欧帕丽斯巧克力（或白巧克力）60克◆吉利丁粉0.8克+水3.9克◆牛奶16克◆细砂糖12克◆桂花精油0.3克◆脂肪含量为35%的淡奶油65克 **油酥挞皮** 化黄油60克◆糖粉40克◆细盐1克◆杏仁粉15克◆蛋液23克◆香草精1.25克◆面粉115克 **谷物酥** 混合谷物片25克◆蛋卷12克◆盐之花0.23克◆可可含量为46%的法芙娜百益贝（Bahibé）巧克力18克◆杏仁巧克力46克 **杏子果酱** 半瓣杏脯95克◆杏肉泥30克（做法附后）◆蜂蜜90克◆NH果胶1.3克◆细砂糖30克◆杏子酒3克 **橙色淋面** 吉利丁片26克◆细砂糖90克◆葡萄糖90克◆炼乳60克◆水45克◆可可脂26克◆橙色可食用色素少许◆杏子酒10克 **杏子马斯卡彭奶油** 脂肪含量为35%的淡奶油125克◆马斯卡彭奶酪125克◆细砂糖25克◆杏子酒40克 **装饰** 法芙娜伊芙瓦（Ivoire）巧克力（或白巧克力）100克◆抹茶粉1克

---

## 杏子酱

杏肉果泥和水倒入平底锅，用小火加热。将细砂糖、玉米粉和X58果胶混合均匀，倒入杏肉果泥中。边加热边搅拌，加热至沸腾后，继续加热1~2分钟。关火，冷却。重新加热至36/38℃。关火，加入化黄油和杏子酒，用电动搅拌器搅拌。烤盘铺烘焙纸，将直径14/15厘米、高1厘米的慕斯圈放入烤盘。再将混合均匀的杏子酱倒入慕斯圈，用抹刀将表面抹平。保鲜膜封口。放入冰箱冷冻2小时。

## 巧克力香缇奶油

法芙娜欧帕丽斯巧克力切块，倒入碗中，隔水加热至45℃融化。

将吉利丁粉倒入水中。牛奶倒入平底锅加热，再加入水化的吉利丁。将热牛奶缓缓倒入化巧克力中，用电动搅拌器搅拌。当搅拌至巧克力酱温度低于45℃时，加入桂花精油。将细砂糖缓缓倒入淡奶油中，一起打发。将打发奶油缓缓倒入巧克力酱中，搅拌均匀。将巧克力香缇奶油倒入套有8号裱花嘴的裱花袋中，挤入直径为14/15厘米、高2.5厘米的圆形硅胶模具中。

从冰箱取出杏子酱，放入模具。用裱花袋在杏子酱表面挤一层巧克力香缇奶油，用抹刀将表面抹平。模具放入冰箱冷冻3小时。

## 油酥挞皮

将化黄油、糖粉、细盐、杏仁粉、蛋液和香草精倒在工作台混合均匀。加入过筛的面粉，搅拌成均匀的面团。注意不要过分揉面。用保鲜膜包裹面团，放入冰箱冷藏1小时。将烤箱调至4~5挡、预热至145℃。从冰箱取出面团，在撒有面粉的工作台上擀开。在烤盘上铺烘焙纸，将直径为20厘米的慕斯圈放入烤盘。将擀开的挞皮放入慕斯圈。用叉子在挞皮底部均匀扎洞。放入烤箱烤35分钟。出炉，放在烤架上。冷却后脱模。

## 谷物酥

将混合谷物片、蛋卷和盐之花碾碎。将法芙娜百益贝巧克力切块，倒入碗中，用隔水加热法化开。巧克力化开后，将碗取出。依次加入杏仁巧克力和碾碎的谷物片。混合均匀后，将谷物酥均匀地涂在挞皮上。

## 杏子果酱

将杏脯、杏肉泥、蜂蜜、NH果胶和细砂糖一起倒入平底锅，用小火加热15分钟。关火，加入杏子酒，用电动搅拌器搅拌均匀。冷却后，将杏子果酱均匀地涂在谷物酥上。

## 橙色淋面

吉利丁片放入冷水中软化。将细砂糖、葡萄糖、炼乳和水一起倒入平底锅，加热至106℃。可可脂倒入碗中，用隔水加热法化开。将橙色可食用色素和杏子酒倒入另一个碗中混合，再加入软化的吉利丁片。将106℃炼乳糖浆、杏子糖酒倒入融化的可可脂中，用电动搅拌器搅拌均匀后，再次倒入碗中，并将碗始终放在热水中加热，使淋面温度保持在33~35℃。从冰箱中取出巧克力香缇奶油，脱模，放在烤盘内的烤架上。将热淋面浇在奶油上。待其凝固后，放在挞皮上。

## 杏子马斯卡彭奶油

将淡奶油和马斯卡彭奶酪倒入碗中，混合均匀。加入细砂糖和杏子酒，打发至慕斯状。将打发的杏子马斯卡彭奶油倒入圣多诺黑泡芙挞专用裱花袋中（或将圆形裱花嘴斜切后套在裱花袋上后使用）。用裱花袋将杏子马斯卡彭奶油沿挞皮挤出花环形。将挞放入冰箱冷藏。

## 装饰

将法芙娜伊芙瓦巧克力和抹茶粉一起调温（具体做法见第310页）。将烘焙纸卷成羊角状，倒入抹茶巧克力酱。用抹茶巧克力酱在烘焙纸上画出几个小草丛。放入冰箱冷藏使其凝固。

从冰箱取出巧克力，轻轻揭掉烘焙纸。从冰箱取出挞，将小草丛形巧克力放在挞上装饰。将挞放入冰箱冷藏，食用时取出即可。

# 优选单品

IRRÉSISTIBLES LES INDIVIDUELS

# 格罗斯皮龙甜点

帕特里克·阿格莱特
（Patrick Agnellet）

6人份

准备时间：1小时30分钟
制作时间：约20分钟
冷冻时间：2×30分钟

---

**半球形白巧克力** 脂肪含量为35%的白巧克力800克　**香草焦糖奶酱** 吉利丁粉3克◆水15克◆香草荚1/2根◆细砂糖80克◆淡奶油250克+脂肪含量为35%的冰冻淡奶油70克◆蛋黄75克　**香蕉青柠冰激凌** 熟透的香蕉15克◆柠檬皮1个（柠檬）◆青柠檬汁8克◆蛋白50克◆细砂糖30克◆脂肪含量为35%的冷冰冻淡奶油30克　**酥皮底** 牛奶巧克力90克◆榛果巧克力60克◆蛋卷碎100克◆大米花20克　**收尾** 碎可可豆25克◆食用金箔片适量

---

## 半球形白巧克力

将白巧克力调温（具体做法见第310页）。将巧克力酱均匀倒入12个直径为5.5厘米的半球形硅胶模具。常温放置，完全凝固后脱模。放入铺有硅胶垫的烤盘，再放入冰箱冷藏。

## 香草焦糖奶酱

吉利丁粉倒入冷水中。香草荚剖成两半，取出香草子。将细砂糖倒入平底锅中加热，熬成浅色焦糖。将250克淡奶油分3次倒入焦糖。再加入香草子和蛋黄，搅拌均匀。继续加热香草焦糖奶油至82℃。关火，加入水化的吉利丁。搅拌均匀后放入冰箱冷藏。

将70克淡奶油打发。从冰箱取出香草焦糖奶油，倒入平底锅加热至27℃。关火，加入打发奶油，用橡皮刮刀上下轻轻搅拌均匀。

## 香蕉青柠冰激凌

将香蕉、柠檬皮和青柠檬汁一起倒入搅拌机搅拌均匀。将细砂糖缓缓倒入蛋白，将蛋白打发成蛋白霜，同时隔水加热至70℃。关火，继续搅打蛋白5分钟。将冷冻淡奶油打发，依次加入香蕉青柠汁和蛋白霜。搅拌均匀后将香蕉青柠奶油倒入套有16号裱花嘴的裱花袋中。烤箱铺烘焙纸，用裱花袋将奶油在烤盘上挤成12个直径4厘米的小球。放入冰箱冷冻30分钟。

## 酥皮底

将牛奶巧克力和榛果巧克力分别调温，再倒入碗中混合均匀。加入蛋卷碎和大米花。将榛果谷物巧克力酱倒在烘焙纸上，用抹刀铺平，约1厘米厚。用直径5.5厘米的圆形压花器压成一个个酥脆小圆饼。放入冰箱冷藏至完全硬化。

**收尾**

　　从冰箱取出半球形巧克力球，将可可碎均匀铺在6个半球形白巧克力底部。将2/3香蕉焦糖奶酱涂在可可碎上。将香蕉青柠冰激凌球插入半球形巧克力球。将剩余6个半球形巧克力底部放在预先加热的烤盘上，微微加热后，迅速放在夹心巧克力球上，形成一个完整的巧克力球。放入冰箱冷冻30分钟。

　　将6个酥皮底分别放入6个餐盘。从冰箱取出巧克力球，依次快速放在预先加热的烤盘上，再迅速放在酥皮底上。

# 谜

丹尼尔·阿尔瓦雷斯
（Daniel Alvarez）

10人份

准备时间：1小时
制作时间：约55分钟
冷冻时间：7小时
冷藏时间：2小时

---

**橘子奶酱** 吉利丁粉1克+水5克◆淡奶油150克+60克◆蛋黄35克◆细砂糖25克◆新鲜柠檬皮1克◆新鲜橘皮2克 **橘子可可蛋糕** 蛋白90克◆细砂糖90克◆蛋黄90克◆面粉18克◆土豆淀粉18克◆可可粉18克◆黄油40克◆新鲜橘皮1克 **可可酥饼** 黄油30克◆细砂糖19克◆细盐0.5克◆杏仁粉6克◆鸡蛋12克◆面粉40克◆可可粉5克 **浸渍糖浆** 水300克◆细砂糖150克◆橘汁45克◆君度力娇酒（Cointreau）20克 **黑巧克力慕斯** 可可含量为65%的黑巧克力100克◆淡奶油38克+180克◆牛奶38克◆洋槐蜜15克◆蛋黄38克 **焦糖乳状淋面** 吉利丁粉2.5克+水12.5克◆牛奶75克◆葡萄糖24克◆焦糖牛奶巧克力180克

---

## 橘子奶酱

将吉利丁粉倒入水中溶解5分钟。将150克淡奶油、蛋黄、细砂糖、柠檬皮和橘皮倒入平底锅，边打发边用小火加热至82℃。加入水化的吉利丁，搅拌均匀。将60克淡奶油搅拌至半打发状态，然后倒入平底锅，轻轻搅拌。将橘子奶酱倒入直径为3厘米的圆形硅胶模具。放入冰箱冷冻2小时。

## 橘子可可蛋糕

烤箱调至7~8挡、预热至230℃。将蛋白和45克细砂糖打发至湿性发泡。将蛋黄和剩余45克细砂糖打发至起泡，加入少量打发蛋白，轻轻搅拌。最后加入剩余打发蛋白，轻轻搅拌

均匀。

将面粉、土豆淀粉和可可粉过筛。将黄油和橘皮放入平底锅，小火加热融化。将面粉、土豆淀粉和苦可可粉倒入打发蛋白，用橡皮刮刀上下轻轻搅拌。再加入橘皮黄油，轻轻搅拌。烤箱铺烘焙纸，将蛋糕面糊倒入烤盘，高度约1/2厘米。放入烤箱烤20分钟。出炉，将蛋糕倒扣在烤架上。揭掉烘焙纸，常温冷却。

完全冷却后，切成10个直径为4厘米的圆形蛋糕。

## 可可酥饼

烤箱调至5~6挡、预热至160℃。将黄油、细砂糖和细盐倒入搅拌机搅拌。再加入杏

仁粉和鸡蛋，搅拌均匀。加入过筛的面粉和可可粉，轻轻搅拌。烤盘铺烘焙纸，将蛋糕糊倒入烤盘，高度约3毫米。放入烤箱烤16~17分钟。出炉，将可可酥饼倒扣在烤架上。揭掉烘焙纸，常温冷却。

完全冷却后，切成10个直径4厘米的圆形酥饼。

### 浸渍糖浆

将水和细砂糖倒入平底锅煮沸，熬成糖浆。糖浆冷却后，加入橘子和君度力娇酒，搅拌均匀。

### 黑巧克力慕斯

黑巧克力切块，倒入碗中。将38克淡奶油、牛奶和洋槐蜜倒入平底锅加热。蛋黄倒入平底锅打散，再缓缓加入热蜂蜜奶油，加热并持续搅拌至82℃。关火，加入巧克力块，用电动搅拌器搅拌均匀。常温放置冷却至38℃。将180克淡奶油搅拌至半打发状态，倒入冷却至38℃的巧克力奶酱中，轻轻搅拌均匀。将巧克力慕斯放入冰箱冷藏。

### 焦糖乳状淋面

将吉利丁粉倒入水中溶解15分钟。将牛奶和葡萄糖倒入平底锅煮沸。关火，加入水化的吉利丁。不断搅拌，使锅中的混合物冷却至35℃。将焦糖牛奶巧克力切块，倒入碗中。加入温热的混合物，用电动搅拌器搅拌均匀。

### 组合

将黑巧克力慕斯倒入10个半球形硅胶模具，约1/2高度处。橘子奶酱脱模，轻轻放入模具。再将剩余巧克力慕斯倒入模具。用刷子在橘子可可蛋糕表面均匀涂一层糖浆，放在巧克力慕斯上。再将可可酥饼放在可可蛋糕上。将模具放入冰箱冷冻5小时。

### 收尾

从冰箱取出甜点，脱模，放在烤盘内的烤架上。将焦糖乳状淋面加热至45℃，浇在甜点上。根据个人喜好，装饰甜点。放入冰箱冷藏2小时，即可食用。

# 塞勒斯坦穹顶挞

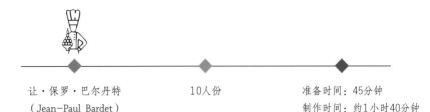

让·保罗·巴尔丹特
（Jean-Paul Bardet）

10人份

准备时间：45分钟
制作时间：约1小时40分钟

---

**酥屑挞皮** 细砂糖50克◆红糖50克◆白杏仁粉100克◆面粉100克◆细盐2克◆冷冻黄油块100克 **焦糖** 细砂糖500克◆葡萄糖糖浆100克◆水100克 **焦糖苹果片** 苹果（金黄色或皇家嘎啦）10个◆黄油80克◆细砂糖20克◆桂皮粉5小撮◆天然苹果酒240克 **甘纳许** 可可含量为67%的黑巧克力200克◆淡奶油300克◆细砂糖50克

---

### 酥屑挞皮

烤箱调至5~6挡、预热至160℃。将细砂糖、红糖、白杏仁粉、面粉和细盐倒入搅拌机搅拌。再加入冷冻黄油块，快速搅拌。将搅拌均匀的面糊倒入10个直径为7.5厘米的圆形硅胶模具中，面糊高度不要超过1厘米。放入烤箱烤1小时。出炉，完全冷却后脱模。

### 焦糖

将细砂糖、葡萄糖糖浆和水倒入平底锅加热，熬成焦糖。再将热焦糖倒入一组直径均为7.5厘米的半球形硅胶模具。微微转动模具使模具内壁均匀粘上一层薄薄的焦糖。定形后迅速脱模，将焦糖壳放在硅胶垫上，常温保存。剩余焦糖用来制作焦糖苹果片。

### 焦糖苹果片

苹果去皮、去核，竖切为5~7片。黄油放入平底锅中化开。将苹果片放入化黄油中，轻轻搅拌，煎5分钟。撒入细砂糖和桂皮粉。再加入苹果酒和剩余焦糖，轻轻搅拌。平底锅盖上盖子，小火加热20分钟。关火，拿掉锅盖，常温冷却。用漏勺捞出苹果片，放入滤碗中沥干。

### 甘纳许

将可可含量为67%的黑巧克力块倒入碗中，用隔水加热法化开。将淡奶油和糖倒入平底锅加热至35℃。分3次将热奶油倒入化巧克力中，并不断由中心向外画圈搅拌。将搅拌均匀的甘纳许倒入烤盘。用保鲜膜封口，放入冰箱冷藏至慕斯状。从冰箱取出甘纳许，倒入裱花袋。

### 收尾

将酥屑挞皮放在工作台上。在每个挞皮上依次摆放焦糖苹果片，摆成苹果的形状。用甘纳许填满苹果片之间的空隙。再将焦糖壳盖在苹果片上。最后将塞勒斯坦穹顶挞分别放入甜品碟，即可食用。

# 巧克力手指千层酥

弗雷德里克·卡塞尔　　　　12人份　　　　提前2天准备
（Frédéric Cassel）

准备时间：30分钟（2天前）

　　　　　　5分钟（前一天）

　　　　　　1小时（当天）

冷藏时间：12小时+12小时

浸泡时间：15分钟（当天）

制作时间：1小时（当天）

---

**千层酥皮** 精白面粉500克◆T45面粉500克◆细盐25克◆水450克◆黄油150克+700克 **焦糖酥皮** 糖粉适量 **可可酥片** 可可含量为56%的卡拉克（Grand Caraque）黑巧克力30克◆黄油10克◆榛子酱55克◆杏仁含量为50%的榛子糖55克◆金箔片30克◆烤可可豆30克 **甘纳许** 淡奶油130克+250克◆葡萄糖15克◆洋槐蜜15克◆零陵香豆1个◆可可含量为63%的法芙娜伊兰卡（Illanka）黑巧克力120克 **盐之花巧克力碎** 可可含量为63%的法芙娜伊兰卡黑巧克力200克◆盐之花4克 **黑巧克力片** 可可含量为63%的法芙娜伊兰卡黑巧克力600克

---

### 千层酥皮

　　按照文末的说明，提前两天准备千层酥皮。

　　提前一天，取出400克备好的千层酥皮，然后将剩余酥皮冷冻保存。将千层酥皮擀成长55厘米、宽15厘米、高1.5厘米的长方体，放入冰箱冷藏至次日。

　　制作当天，从冰箱取出长方体酥皮。在烤盘上铺烘焙纸，用刷子蘸水将烘焙纸微微打湿。将长方体酥皮放入烤盘。用叉子在面团表面均匀扎孔。将酥皮放入冰箱冷藏1~2小时，避免酥皮在烘烤过程中回缩。

　　烤箱调至5~6挡、预热至170℃。将酥皮放入烤箱烤40分钟。

### 焦糖酥皮

　　从烤箱取出烤盘。烤箱温度调至240℃。糖粉过筛，均匀撒在热酥皮上。将烤盘重新放回烤箱，烤至酥皮表面呈现浅焦糖色即可。注意烤的时间不要过长。出炉，放在烤架上冷却。待焦糖酥皮冷却后，切成长36厘米、宽11厘米的长方形。

### 可可酥片

　　卡拉克黑巧克力切块，和黄油一起放入碗

中，用隔水加热法化开。将榛子酱和榛子糖放入搅拌机，搅拌成糊状。再依次加入融化的黄油黑巧克力酱、金箔片和烤可可豆，再次搅拌均匀。将可可面糊倒在烘焙纸上，摊成长36厘米、宽11厘米的长方形。常温凝固后，放入烤盘，再放入冰箱冷冻。

## 甘纳许

将130克淡奶油、葡萄糖和洋槐蜜倒入平底锅煮沸。关火，加入碾碎的零陵香豆。盖上盖子，放置15分钟。将法芙娜伊兰卡黑巧克力切块，倒入碗中，用隔水加热法化开。香豆奶油过滤后，倒入另一平底锅，加热至沸腾。分3次将香豆奶油倒入化巧克力中，并不断由中心向外画圈搅拌。用电动搅拌搅拌片刻。加入250克淡奶油，轻轻搅拌。将甘纳许倒入餐盘，用保鲜膜包裹，放入冰箱冷藏至完全凝固。

## 盐之花巧克力碎

法芙娜伊兰卡黑巧克力调温（具体做法见第310页）。盐之花过筛，倒入巧克力中，轻轻搅拌。将巧克力酱倒在烘焙纸上，用曲柄抹刀铺成薄薄一层。常温冷却后，掰成巧克力碎。

## 黑巧克力片

将法芙娜伊兰卡黑巧克力调温（具体做法见第310页），倒在烘焙纸上，用曲柄抹刀铺成薄薄一层。一旦巧克力快凝固时，切成12个长11厘米、宽2.7厘米的长方形。

## 收尾

将甘纳许倒入搅拌机搅拌至松软，注意不要过于膨松。将甘纳许倒入套有12号裱花嘴的裱花袋中。将焦糖酥皮放在工作台上，焦糖面朝上。用裱花袋在焦糖酥皮表面薄涂一层甘纳许，用抹刀将表面抹平。再将长方形可可酥片放在上面。将千层酥放入冰箱冷冻10分钟。取出后，切成2.7厘米长的长方形千层酥。再用裱花袋在每个千层酥表面挤出2个香肠形甘纳许。将盐之花巧克力碎均匀撒在千层酥上。再将黑巧克力片放在千层酥顶部。将巧克力手指千层酥放入冰箱冷藏，食用时取出即可。

**千层酥皮的做法：** 提前两天，将精白面粉、T45面粉、细盐和150克切块黄油倒入搅拌机搅拌均匀。加水，高速搅拌至面团均匀光滑。揉成圆形面团，切成"十"字形。用保鲜膜包裹面团，放入冰箱冷藏3小时。

从冰箱取出4块面团，一起压扁，然后擀成1个30厘米宽的正方形，中间比四周略厚一些。用擀面杖将700克黄油擀成15~20厘米宽的正方形片，然后放在正方形面团中心。将面团沿着黄油四个边向内折叠，形成一个新的正方形面团。再将正方形面团擀成约1米长的长方形，沿长边折叠成三折。将面团旋转90°，用保鲜膜包裹，放入冰箱冷藏2小时。重复5次以上操作。最后将面团放入冰箱冷藏至次日。

# 火山熔岩蛋糕

贝尔纳·贝西
（Bernard Besse）

8人份

准备时间：1小时15分钟
制作时间：约45分钟
冷冻时间：2小时
冷藏时间：至少3小时

---

**蛋糕坯** 牛奶50克◆黄油60克◆面粉80克◆鸡蛋250克◆蛋白200克◆细砂糖70克 **卡仕达酱** 牛奶1升◆香草荚1根◆蛋黄80克◆细砂糖150克◆玉米粉90克 **黄油酱** 细砂糖300克◆水130克◆鸡蛋200克◆黄油400克 **蛋白霜** 蛋白150克◆细砂糖125克◆糖粉125克 **夹心酱** 淡奶油500克◆卡仕达酱500克（做法附后）◆黄油酱500克◆樱桃酒40克 **收尾** 野生蓝莓300克

---

### 蛋糕坯

烤箱调至6挡、预热至180℃。牛奶和黄油倒入平底锅煮沸。加入面粉，继续加热，搅拌至面糊开始粘锅。将面糊倒入搅拌机搅拌。依次加入鸡蛋。缓缓将细砂糖倒入蛋白，打发至湿性发泡。将打发的蛋白缓缓倒入搅拌机，轻轻搅拌。烤盘铺烘焙纸，将面糊倒入烤盘，厚度约5毫米。放入烤箱烤10分钟。出炉，放在烤架上冷却。

### 卡仕达酱

香草荚剖成两半，去子。和牛奶一起倒入平底锅煮沸。蛋黄和细砂糖倒入碗中，快速打发至起泡。将部分香草牛奶缓缓倒入打发蛋黄中，再加入玉米粉，轻轻搅拌。将卡仕达酱倒回平底锅，和剩余的香草牛奶混合搅拌，加热

3~4分钟。关火，取出香草荚。将卡仕达酱倒入碗中，用保鲜膜封口。放入冰箱冷藏。

### 黄油酱

细砂糖和水倒入平底锅加热至121℃。鸡蛋倒入碗中，缓缓加入热糖浆并不断搅拌。当糖浆温度冷却至18~20℃时，加入切块黄油，轻轻搅拌均匀。常温保存。

### 蛋白霜

将细砂糖缓缓倒入蛋白中，打发至湿性发泡。当蛋白打发至蓬松时，加入糖粉，用橡皮刮刀轻轻上下搅拌。

### 夹心酱

淡奶油打发。将500克卡仕达酱和500克黄

---

油酱、樱桃酒倒入碗中混合。再加入打发奶油，轻轻搅拌。

## 收尾

将蛋糕坯切成2个直径为16厘米的圆形蛋糕、1个直径为18厘米的圆形蛋糕和一个长18厘米、宽约4厘米的长方形蛋糕。将第1个直径为16厘米的圆形蛋糕放入直径为18厘米的半球形模具内，轻轻按压，使蛋糕紧贴模具底部。再将长方形蛋糕围成圆圈，紧贴模具内壁放

入。在蛋糕底部涂一层夹心酱，放入100克野生蓝莓，继续涂一层夹心酱。将第二个直径为16厘米的圆形蛋糕放入模具。在第二个蛋糕上涂一层夹心酱，放100克野生蓝莓，再涂一层夹心酱。最后将直径为18厘米的圆形蛋糕放在顶部。将蛋糕放入冰箱冷藏2小时。

从冰箱取出蛋糕，倒扣放在烤架上，脱模。用刮刀将蛋白霜均匀涂在蛋糕表面。用喷火枪将蛋白霜表面微微烤焦。最后将火山熔岩蛋糕放入冰箱冷藏3小时，即可食用。

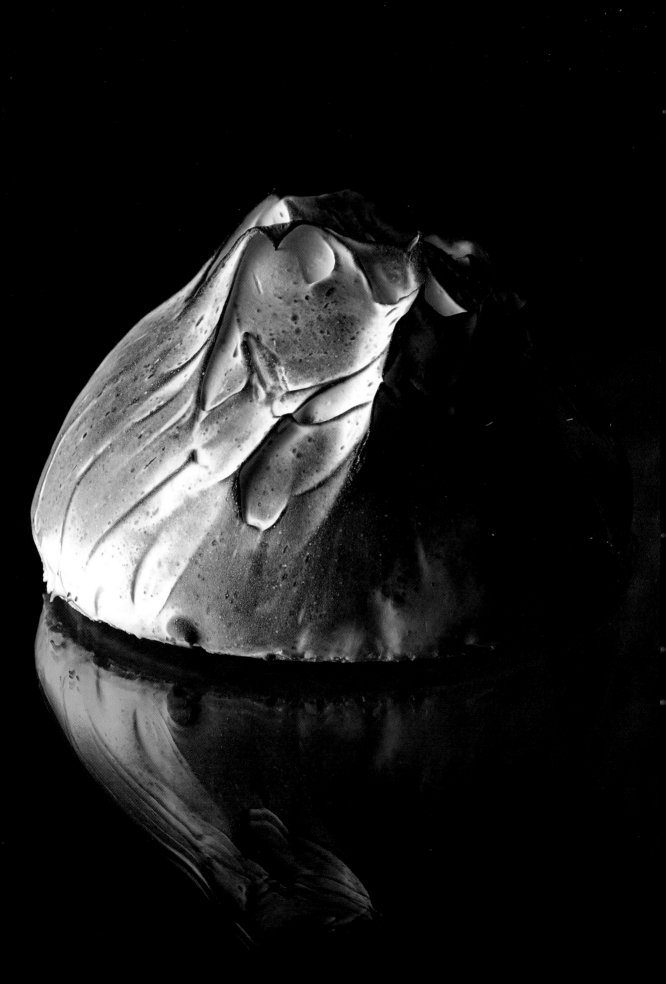

# 激情

克里斯多夫·卡尔德隆
（Christophe Calderon）

8人份

准备时间：1小时30分钟
制作时间：约40分钟
冷藏时间：2小时
冷冻时间：2小时

---

**黑色巧克力壳** 可可含量为58%的黑巧克力400克 **混合果酱** 百香果果肉72克◆椰子果肉23克◆芒果果肉42克◆细砂糖41克+NH果胶2克 **无面粉版巧克力蛋糕** 可可含量为58%的加勒比黑巧克力82克◆纯可可酱18克◆蛋白183克◆细砂糖115克◆蛋黄146克 **百香果酱** 吉利丁粉2.7克+水13.5克◆百香果果肉127克◆椰子果肉54克◆细砂糖46克◆鸡蛋34克◆蛋黄27克◆切块黄油45克 **英式牛奶巧克力慕斯** 可可含量为40%的牛奶巧克力75克◆可可含量为58%的加勒比黑巧克力14克◆牛奶56克◆蛋黄11克◆细砂糖22克◆淡奶油121克 **黄色淋面** 吉利丁粉13克+水78克◆牛奶110克◆细砂糖220克◆淡奶油225克◆葡萄糖75克◆细砂糖70克+土豆淀粉20克◆黄色可食用色素0.2克

---

### 黑色巧克力壳

巧克力调温（具体做法见第310页）后均匀倒入16个直径为7厘米的半球形硅胶模具。常温放置使巧克力凝固定型。用切片器在其中8个巧克力壳底部切出直径5厘米的圆孔。

### 混合果酱

将百香果果肉、椰子果肉和芒果果肉倒入平底锅加热至40℃。细砂糖和NH果胶混合均匀后，倒入热果肉中，继续加热。待果酱沸腾后，用电动搅拌器搅拌均匀。将混合果酱均匀倒入8个直径4厘米的半球形硅胶模具。放入冰箱冷藏1小时。

### 无面粉版巧克力蛋糕

烤箱调至5~6挡、预热至175℃。将加勒比黑巧克力切块后，倒入碗中，与纯可可酱混合均匀，隔水加热至45℃。

将细砂糖缓缓倒入蛋白，打发成蛋白霜。将蛋黄倒入融化的热巧克力中，轻轻搅拌后倒入打发蛋白中，用橡皮刮刀上下轻轻搅拌。烤盘铺烘焙纸，将蛋糕糊倒入烤盘，高度约0.5厘米。用抹刀将表面抹平。放入烤箱烤15分钟。出炉，冷却后切成直径4厘米的圆形蛋糕。

### 百香果酱

吉利丁粉倒入水中。将百香果果肉、椰子

果肉和细砂糖倒入平底锅加热至50℃。加入鸡蛋和蛋黄，继续加热搅拌至85℃。关火，加入水化的吉利丁，用电动搅拌器搅拌。当果酱冷却至50℃时，加入切块黄油，用电动搅拌器搅拌。将百香果酱倒入8个直径4厘米的半球形硅胶模具。放入冰箱冷冻1小时。

## 英式牛奶巧克力慕斯

牛奶巧克力和黑巧克力切块，倒入碗中。牛奶倒入平底锅加热至50℃。加入蛋黄和细砂糖，继续加热、搅拌至85℃。过筛，倒入巧克力块中，用电动搅拌器搅拌。巧克力蛋奶酱常温放置，冷却至34℃。淡奶油打发，缓缓倒入巧克力蛋奶酱中，轻轻搅拌均匀。迅速均匀倒入8个黑色巧克力壳内（底部无洞）。

## 黄色淋面

吉利丁粉倒入水中。将牛奶、220克细砂糖、淡奶油和葡萄糖一起倒入平底锅煮沸。将70克细砂糖和土豆淀粉混合，倒入煮沸的牛奶中。继续加热至牛奶沸腾2分钟，并不断搅拌。关火。当牛奶冷却至50℃时，加入水化的吉利丁和黄色可食用色素，用电动搅拌器搅拌。过滤，倒入碗中。保鲜膜封口，放入冰箱冷藏。

## 组合

半球形混合果酱脱模，放在烤盘内的烤架上。从冰箱取出黄色淋面，均匀浇在半球形果酱上。常温放置使淋面凝固。

将半球形百香果酱轻轻放入装有巧克力慕斯的黑色巧克力壳内。再将巧克力蛋糕放在巧克力慕斯上，轻压蛋糕，使其与巧克力外壳高度一致。将半球形黄色淋面果酱放在蛋糕上。最后用底部有孔的黑色巧克力盖住半球形果酱。将甜品放入冰箱冷藏2小时，即可品尝。

# 草莓开心果泡芙

| 阿莱·夏蒂埃<br>（Alain Chartier） | 8人份<br>（每人4个） | 准备时间：45分钟<br>制作时间：约1小时<br>浸渍时间：4小时<br>冷冻时间：雪葩和冰淇淋冷冻至使用前<br>浸渍时间：4小时 |

---

**草莓雪葩** 柠檬汁30克+水100克◆细砂糖250克◆葡萄糖粉120克◆苹果果胶5克◆草莓1千克 **开心果冰激凌** 全脂牛奶580克◆奶粉50克◆细砂糖120克◆葡萄糖粉60克◆开心果酱60克◆蛋黄60克 **脆饼** 面粉185克◆化黄油150克◆红糖185克◆绿色可食用色素2滴◆红色可食用色素2滴 **泡芙** 牛奶125克◆水125克◆黄油125克◆细盐4克◆面粉140克◆鸡蛋200克 **焦糖草莓** 草莓100克◆细砂糖110克◆葡萄糖糖浆110克◆淡奶油80克◆黄油60克 **收尾** 草莓3个◆去皮开心果3个

---

## 草莓雪葩

柠檬汁和水倒入平底锅加热至40℃。将细砂糖、葡萄糖粉和苹果果胶倒在烘焙纸上，混合均匀。倒入热柠檬汁中。继续加热至糖浆温度达到85℃。关火，迅速将平底锅浸入盛有冰块的冷水中，并不断搅拌。冷却后，将糖浆倒入碗中，常温静置4小时。

草莓洗净、沥干、去梗。根据大小，切成两半或四块，放入碗中，用电动搅拌器搅拌。将草莓果泥倒入冷却的糖浆中，用电动搅拌器再次搅拌后，倒入冰淇淋机，按照说明制作成草莓雪葩球。将草莓雪葩球放入容器，放入冰箱冷冻。

## 开心果冰激凌

将全脂牛奶和奶粉倒入平底锅，加热至35℃。将细砂糖和葡萄糖粉混合后倒入热牛奶中。开心果酱和蛋黄倒入碗中混合均匀，然后倒入热牛奶中。继续加热，不断搅拌至开心果奶酱温度达到85℃。关火，迅速将平底锅浸入盛有冰块的冷水中，搅拌至冷却。

将冷却后的开心果奶酱倒入冰激凌机，按照说明制作开心果冰激凌球。将制成的开心果冰激凌球放入容器，放入冰箱冷冻。

## 脆饼

面粉过筛后倒入碗中。加入红糖和化黄油混合均匀。将一半面粉混合物倒入另一个碗中。再分别加入红色和绿色可食用色素，用橡皮刮刀搅拌均匀。将2份面团分别放在2张烘焙纸之间，擀成1毫米厚的面片。放入冰箱冷藏备用。

## 泡芙

面粉过筛。牛奶、黄油和细盐一起倒入平底锅加热。加热至沸腾后，移开平底锅，一次性加入面粉。大火加热，快速搅拌至面糊开始粘锅。关火，依次加入鸡蛋。每次搅拌均匀后再加入下一个鸡蛋。将泡芙面糊倒入套有10号裱花嘴的裱花袋中。烤盘铺烘焙纸，用裱花袋在烤盘上挤出40个直径为3厘米的泡芙。

烤箱调至7~8挡、预热至220℃。从冰箱取出2片脆饼，分别切成20个直径2.5厘米的圆形脆饼。再将圆形脆饼放在40个泡芙上。

将烤盘放入烤箱，温度调至6挡、预热至180℃，烤30分钟。出炉，将泡芙放在烤架上冷却。

## 焦糖草莓

草莓洗净、沥干、去梗。根据大小，切成2块或4块，放入碗中搅拌。将细砂糖和葡萄糖糖浆一起倒入平底锅加热至180℃。将淡奶油和草莓倒入另一平底锅加热至65℃，再缓缓倒入热糖浆中。继续加热并持续搅拌，当焦糖草莓温度达到109℃时，加入切块黄油。搅拌均匀后，将焦糖草莓倒入浅口盘。

## 收尾

将冷却的泡芙切成两半，放入烤盘，再放入冰箱冷冻10分钟。从冰箱取出20个草莓雪葩球和20个开心果冰淇淋球。

将草莓雪葩球和开心果冰淇淋球分别放在同色的泡芙底上。再盖上同色泡芙顶。在每个甜点盘中放2个草莓泡芙和2个开心果泡芙。用焦糖草莓在周围画线装饰，再放入适量草莓块和开心果。与剩余焦糖草莓搭配食用。

## 开心果

好的开心果色泽自然明亮。我选用的开心果来自伊朗或意大利卡塔尼亚大区的布龙泰（Bronte）。这里生长的开心果本身就是烤过的色泽，可以直接使用，不需要进行烘烤。像所有油料作物一样，必须防止开心果放置过久而产生哈喇味，并且要很好的控制开心果与其他原料相结合时产生的油脂量。但与榛子不同的是，即使要烘烤开心果时，温度也不能超过140℃，否则它会变成棕色并且失去香味。我喜欢用红色水果搭配，无论是颜色还是口味都能形成明显的反差。

# 朗姆酒心蛋糕

阿里诺·拉蕾
（Arnaud Lahrer）

12人份

提前一天准备
准备时间：40分钟（前一天）
　　　　　20分钟（当天）
制作时间：约30分钟（前一天）
　　　　　2分钟（当天）
冷藏时间：12小时
醒发时间（面团）：30分钟

---

**蛋糕浸渍糖浆** 矿泉水500克◆细砂糖25克◆香草荚1根◆黄柠檬皮5克◆橙皮12克◆朗姆酒50克 **蛋糕坯** 面包专用酵母21克◆蛋液74克+25克◆面粉124克◆细砂糖21克◆黄油73克◆盐之花2克 **香草香缇奶油** 脂肪含量为35%的淡奶油250克◆糖粉20克◆香草粉2克 **黄杏淋面** 黄杏果酱适量

---

## 蛋糕浸渍糖浆

提前一天准备。将矿泉水和细砂糖倒入平底锅。香草荚剖成两半，去子，放入平底锅。再放入柠檬皮和橙皮，加热至煮沸。当糖浆温度达到70℃，加入朗姆酒。将糖浆放入冰箱冷藏至次日。

制作当天，将浸渍糖浆倒入平底锅加热。关火，将蛋糕坯完全浸入热糖浆，然后放在烤盘内的烤架上沥干。

## 蛋糕坯

将面包专用酵母、74克蛋液和面粉一起倒入搅拌机，使用一挡速度搅拌5分钟。加入25克蛋液，换二挡速度搅拌。搅拌至面糊开始变得有黏性时，加入细砂糖。用布盖住搅拌机，使面糊醒发30分钟。面团体积应当膨大一倍。

使用小火将黄油化开。将化黄油和盐之花倒入面糊，使用一挡速度搅拌均匀。然后换二挡速度继续搅拌，搅拌至面糊变得顺滑。

将面糊倒入裱花袋，在每个硅胶（或其他材质）酒心蛋糕模中都挤入45克面糊。在约23℃的温度下放置，使模具内面糊体积增大一倍。

将烤箱调至5~6挡、预热至170℃。将蛋糕模放入烤箱烤20分钟。出炉，脱模，将蛋糕放在铺烘焙纸的烤盘上。再次放入烤箱烤5分钟。出炉，将蛋糕放在烤架上，常温放至次日。

**香草香缇奶油**

将淡奶油、糖粉和香草粉倒入搅拌机，用二挡速度搅拌至湿性发泡。

**黄杏淋面**

将黄杏果酱倒入平底锅，微微加热，然后过筛倒入碗中。将朗姆酒均匀喷在蛋糕表面，然后用刷子将黄杏淋面均匀涂在蛋糕表面。用裱花袋将香草香缇奶油挤在蛋糕顶部，即可食用。

**奶油**

不同的奶油含有不同的脂肪含量、不同的储存时间以及不同的质地。制作1升奶油大约需要10升牛奶。用于制作奶油的牛奶脂肪含量为3%~5%。这款甜点的原料都经过精挑细选，比如诺曼底地区的奶油，尤其是蒙特布尔的奶油，拥有很好的质地和丝滑的口感。对于这款甜点而言，它能制作出完美的香缇奶油。

# 加泰罗尼亚烤布丁
# （烤箱版）

热利迪·图格斯　　　10人份　　　准备时间：20分钟
（Jordi Tugues）　　　　　　　　　制作时间：48分钟

---

**奶油酱** 淡奶油375克◆全脂牛奶375克◆桂皮2克◆柠檬皮3.5克◆蛋黄90克◆蛋液60克◆细砂糖112克 **收尾** 细砂糖适量

---

## 奶油酱

将淡奶油、全脂牛奶、桂皮和柠檬皮一起倒入平底锅中煮沸。将蛋黄、蛋液和细砂糖倒入碗中，打发至起泡。热牛奶过滤后，倒入打发蛋液中，快速搅拌。

将烤箱调至4挡、预热至120℃。烤盘内倒入热水，约至烤盘1/2高度处。将搅拌均匀的奶油酱均匀倒入几个容积为150毫升的容器中。再将这些容器放入烤盘。放入烤箱烤45分钟。出炉，常温放置冷却。

## 收尾

将烙铁加热或直接使用喷枪。在奶油酱表面撒适量细砂糖，用加热的烙铁或喷枪将细砂糖烤焦，即可食用。

# 黑加仑蒙布朗

达米安·穆达利耶
（Damien Moutarlier）

10人份

准备时间：45分钟
制作时间：1小时15分钟

---

**法式蛋白霜** 蛋白105克◆细砂糖105克+105克 **黑加仑桑葚果酱** 黑加仑果肉100克◆桑葚果肉50克◆水9克◆细砂糖12.5克◆NH果胶2.5克◆吉利丁粉1.75克 **栗子奶油** 栗子泥200克◆栗子酱200克◆栗子奶油67克◆黄油26克◆褐色朗姆酒7克 **香草马斯卡彭香缇奶油** 脂肪含量为35%的淡奶油125克◆马斯卡彭奶酪12.5克◆香草荚1/2根

---

## 法式蛋白霜

烤箱调至3~4挡、预热至100℃。用电动打蛋器将蛋白和105克细砂糖打发至湿性发泡。再加入105克细砂糖，用橡皮刮刀轻轻上下搅拌。将搅拌均匀的蛋白霜倒入套有15号裱花嘴的裱花袋内。烤盘铺烘焙纸。用裱花袋在烤盘上挤出10个直径约7厘米的蛋白霜球。放入烤箱烤10分钟。将烤箱温度调至3挡、预热至90℃，继续烤1小时左右。

## 黑加仑桑葚果酱

将黑加仑果肉、桑葚果肉和水一起倒入平底锅加热至40℃。加入细砂糖和NH果胶，加热至沸腾。关火，加入吉利丁粉。搅拌均匀。常温冷却。

## 栗子奶油

将栗子泥、栗子酱、栗子奶油、黄油和朗姆酒倒入搅拌机，搅拌至均匀、顺滑。

## 香草马斯卡彭香缇奶油

香草荚剖成两半，取出香草子。将淡奶油、香草子和马斯卡彭奶酪倒入碗中，一起打发。

## 收尾

轻轻在蛋白霜球顶部挖一个孔。将黑加仑桑葚果酱倒入裱花袋，再将果酱从洞口挤入蛋白霜内。

将栗子奶油倒入套有15号螺纹裱花嘴的裱花袋内，将栗子奶油在蛋白霜顶部挤出玫瑰花造型。

将香草马斯卡彭香缇奶油倒入套有15号螺纹花嘴的裱花袋，在栗子奶油玫瑰顶部再挤出一朵香缇奶油小玫瑰。放入冰箱冷藏至食用时。

# 迷雾森林

卢克·吉利特
（Luc Guillet）

25人份

准备时间：1小时20分钟
制作时间：约45分钟
冷冻时间：约2小时
冷藏时间：5小时

---

**甜酥挞皮** 化黄油120克+适量（涂抹模具）◆细盐2克◆糖粉90克◆杏仁粉30克◆蛋液50克◆面粉60克+175克 **巧克力海绵饼干** 蛋白120克◆细砂糖75克◆土豆淀粉45克◆可可粉20克◆面粉20克◆蛋黄70克 **咖啡奶油** 可可含量为35%的白巧克力400克◆意式浓缩咖啡200克◆淡奶油520克 **咖啡奶油涂层** 杏仁酱150克◆可可粉适量 **咖啡潘趣酒** 意式浓缩咖啡150克◆细砂糖50克 **核桃咖啡糖** 青核桃仁175克◆细砂糖150克◆果胶2克◆葡萄糖糖浆50克◆水10克◆黄油125克 **核桃焦糖** 青核桃仁175克◆细砂糖150克◆果胶2克◆葡萄糖糖浆50克◆黄油125克◆水10克 **收尾** 咖啡豆适量◆青核桃仁适量◆食用金箔片适量

---

## 甜酥挞皮

将化黄油、细盐、糖粉、杏仁粉、蛋液和60克面粉倒入搅拌机搅拌。面糊搅拌至顺滑时，加入175克面粉，搅拌均匀。将面团放入冰箱冷藏1小时。

将烤箱调至5~6挡、预热至160℃。用刷子在25个尺寸为11cm×9.5cm×2cm的三角形模具内壁涂适量黄油。从冰箱取出面团，在撒有面粉的工作台将面团擀成3毫米厚的薄片。将擀好的挞皮放入三角形模具，再放入铺有烘焙纸的烤盘。放入烤箱烤12分钟左右。出炉，放在烤架上。冷却后脱模。

## 巧克力海绵饼干

烤箱调至6~7挡、预热至200℃。将细砂糖缓缓倒入蛋白中，打发蛋白至湿性发泡。将土豆淀粉、可可粉和面粉过筛，混合均匀。将蛋黄缓缓倒入打发蛋白中，再加入过筛的面粉混合物，混合均匀。将面团擀成长40厘米、宽30厘米的长方形。烤盘铺烘焙纸，将擀好的面团放入烤盘。放入烤箱烤6~7分钟。出炉，放在烤架上冷却。将冷却后的巧克力饼干切成25个略小于挞皮的三角形。

## 咖啡奶油

白巧克力切块倒入碗中。分3次将意式浓缩咖啡倒入巧克力块中，并不断由中心向外画圈搅拌。再加入冷的淡奶油，搅拌均匀。用保鲜膜封口，将碗放入冰箱冷藏4小时左右。

从冰箱取出咖啡奶油，打发至慕斯状（提起搅拌器时奶油在搅拌头上形成一个尖角即可）。将2/3咖啡奶油倒入套有16号裱花嘴的裱花袋中。在烘焙纸上挤出直径为16毫米的香肠形奶油棒。放入冰箱冷冻2小时。将剩余奶油放入冰箱冷藏储存。

### 咖啡奶油涂层

从冰箱取出冷咖啡奶油，切成25个高约5厘米的奶油棒和50个高约4厘米的奶油棒。

将杏仁酱倒在烘焙纸上，擀成薄薄一层。再将奶油棒放在烘焙纸上。翻滚奶油棒，使奶油棒表面均匀蘸上杏仁酱。将可可粉撒在另一张烘焙纸上，再放入粘有杏仁酱的奶油棒翻滚，使其表面再粘上可可粉。用刷子清除多余可可粉。放入冰箱冷冻，装盘时取出。

### 咖啡潘趣酒

将热浓缩咖啡和细砂糖倒入碗中，混合均匀。

### 核桃咖啡糖

烤箱调至6~7挡、预热至190℃。青核桃仁切成小块。细砂糖、果胶、葡萄糖糖浆、黄油和水倒入平底锅加热，搅拌至黏稠、顺滑。加入青核桃块和咖啡粉搅拌均匀。将硅胶垫放入烤盘，再将核桃咖啡酱倒在硅胶垫上。放入烤箱烤10分钟左右。从烤箱取出，冷却约30秒后，切成腰长12厘米、底边长5厘米的三角形糖块。

### 核桃焦糖

青核桃仁切成大块。加热淡奶油。将细砂糖和葡萄糖糖浆一起倒入平底锅，加热至170℃。关火，加入切块黄油。分3次将加热的淡奶油倒入焦糖，然后边搅拌边加热至113℃。最后加入青核桃块，轻轻搅拌。

### 收尾

将核桃焦糖均匀涂在挞皮上，厚度略小于1厘米。将巧克力海绵饼干放在焦糖上。用刷子在饼干表面均匀涂一层咖啡潘趣酒。再在饼干表面涂上咖啡奶油，用抹刀将表面抹平。将挞依次放入餐盘，并在每个餐盘搭配放入1个核桃咖啡糖、2个直径4厘米的咖啡奶油棒和1个直径5厘米的咖啡奶油棒。按个人喜好，将青核桃仁、咖啡豆和食用金箔放入餐盘装饰。即可食用。

# 焦糖诱惑

帕斯卡·拉克
（Pascal Lac）

6人份

提前一天准备
准备时间：15分钟（前一天）
　　　　　40分钟（当天）
制作时间：约8分钟（前一天）
　　　　　约35分钟（当天）
冷藏时间：3×12小时+2小时

---

**酥屑** 黄油60克◆细砂糖60克◆杏仁粉60克◆面粉45克 **巧克力香缇奶油** 可可含量为40%的法芙娜吉瓦那牛奶巧克力250克◆淡奶油360克 **浅色焦糖** 淡奶油180克◆细砂糖30克◆葡萄糖60克 **巧克力慕斯** 细砂糖75克+水35克◆蛋黄100克◆可可含量为64%的纯黑巧克力200克◆淡奶油120克+120克 **收尾** 牛奶巧克力碎

---

## 酥屑

　　提前一天准备。黄油切块，和细砂糖、杏仁粉、面粉一起倒入碗中，搅拌均匀。放入冰箱冷藏至次日。

## 巧克力香缇奶油

　　法芙娜吉瓦牛奶巧克力切块，倒入碗中。淡奶油倒入平底锅加热至沸腾，再缓缓倒入牛奶巧克力块中，用电动搅拌器搅拌。放入冰箱冷藏至次日。

## 浅色焦糖

　　加热淡奶油。将细砂糖和葡萄糖倒入平底锅加热至170℃，即为焦糖。将热淡奶油倒入焦糖中，轻轻搅拌。将焦糖倒入碗中，放入冰箱冷藏至次日。

　　制作当天，从冰箱取出酥屑，碾碎。烤箱调至5挡、预热至150℃。烤盘铺烘焙纸，将酥屑碎平铺在烤盘上。放入烤箱烤15~20分钟，烤成表面呈现均匀的棕色即可。

## 巧克力慕斯

　　将细砂糖和水一起倒入平底锅加热至120℃，熬成糖浆。蛋黄倒入碗中，缓缓加入热糖浆，快速搅拌均匀。将蛋黄糖浆重新倒回平底锅，加热至70℃，全程用电动搅拌器低速搅拌，直到搅拌成松软细腻的蛋黄酱。

　　巧克力切块倒入碗中。将120克淡奶油倒入平底锅煮沸，再分3次倒入巧克力块中，并不断由中心向外画圈搅拌。将另一份120克淡奶油打发至湿性发泡。当巧克力奶油温度降至50℃时，加入打发奶油和常温蛋黄酱。搅拌均匀后，将巧克力慕斯倒入裱花袋，然后挤入6个容积为15毫升的玻璃罐内。放入冰箱冷藏2小时。

## 收尾

从冰箱取出前一天制作的巧克力奶油，用电动搅拌器打发成香缇奶油。倒入香缇奶油专用裱花袋中。

将浅色焦糖倒入裱花袋，均匀挤入巧克力慕斯玻璃瓶中。再撒入酥屑碎。最后用巧克力香缇奶油将玻璃瓶填满。根据个人喜好，可在表面撒一层牛奶巧克力碎装饰。将玻璃瓶放入冰箱冷藏至食用前。

# 双球修女泡芙

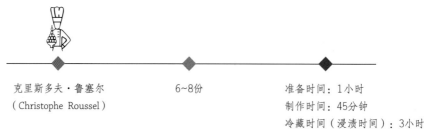

克里斯多夫·鲁塞尔
（Christophe Roussel）

6~8份

准备时间：1小时
制作时间：45分钟
冷藏时间（浸渍时间）：3小时
冷冻时间：4小时

---

**咖啡奶油** 法芙娜伊芙瓦（Ivoire）巧克力（或白巧克力）325克◆淡奶油225克+葡萄糖50克◆冷冻淡奶油600克◆咖啡香精18克 **可可脆片** 面粉40克◆可可粉12克◆红糖50克◆化黄油50克 **巧克力泡芙** 面粉150克◆可可粉15克◆可可含量为67%的纯黑巧克力22克◆牛奶250克◆黄油125克◆细盐5克◆细砂糖8克◆鸡蛋320克 **巧克力镂空圆饼** 法芙娜度思（Dulcey）巧克力200克 **收尾** 无色镜面酱适量◆细长小竹签6~8根◆食用银箔片适量

---

## 咖啡奶油

　　将法芙娜伊芙瓦巧克力切块，倒入碗中。将淡奶油和葡萄糖倒入平底锅加热，分3次倒入巧克力块中，并不断以由中心向外画圈方式搅拌。加入冷冻淡奶油和咖啡香精，搅拌均匀。保鲜膜封口，将咖啡奶油放入冰箱冷藏3小时。

## 可可脆片

　　面粉和可可粉过筛倒入碗中。加入红糖和化黄油，搅拌成均匀的面糊。将面糊倒入2张烘焙纸之间，擀成薄片。放入冰箱冷冻2小时。

## 巧克力泡芙

　　面粉和可可粉过筛。纯黑巧克力切块。牛奶、黄油、细盐、细砂糖和巧克力块一起倒入平底锅加热。加热至沸腾时，关火，一次性加入面粉和可可粉。重新开大火加热，快速搅拌20秒。关火，移开平底锅。依次加入鸡蛋，快速搅拌。注意每次搅拌均匀后再加下一个鸡蛋。将巧克力泡芙面糊倒入套有10号裱花嘴的裱花袋中。准备2个铺有烘焙纸的烤盘。在第1个烤盘内挤出6~8个直径为6厘米的泡芙，第2个烤盘内挤出6~8个直径4.5厘米的泡芙。烤箱调至5挡、预热至150℃。从冰箱取出冷冻的可可脆片，切成6~8个直径为8厘米的圆片和6~8个直径为4.5厘米的圆片。再将可可圆片依次放在同等大小的泡芙上。将小泡芙放入烤箱烤24分钟，大泡芙烤35分钟。出炉，将巧克力泡芙放在烤架上冷却。

### 巧克力镂空圆饼

法芙娜度思巧克力调温（具体做法见第310页），倒入2片烘焙纸之间擀开。迅速切成6~8个直径为5厘米的巧克力圆片。再用直径为3厘米的切片器将巧克力圆片中心掏空。放入冰箱冷藏至巧克力镂空圆饼完全凝固。

### 半球形咖啡奶球

从冰箱取出咖啡奶油，打发至提起搅拌器时奶油可在搅拌头上形成一个尖角。然后将打发奶油倒入套有8号裱花嘴的裱花袋中。迅速将咖啡奶油挤入6~8个直径为3厘米的半球形硅胶模具中。放入冰箱冷冻2小时。将剩余的咖啡奶油放入冰箱冷藏储存。

### 收尾

第一步，从冰箱取出咖啡奶球，脱模，放在烤盘内的烤架上。将无色镜面酱均匀浇在咖啡奶球上。

第二步，从冰箱取出咖啡奶油，倒入裱花袋。然后用裱花袋将咖啡奶油从泡芙底部挤入。

将大泡芙依次放入甜品碟，然后将巧克力镂空圆饼放在大泡芙上。

第三步，沿着巧克力镂空圆饼中心镂空部分挤一圈咖啡奶油酱。然后将小泡芙倒置，凸面朝下放入咖啡奶油圆圈内。

最后，将半球形咖啡奶球放在小泡芙上。从顶部轻轻将小竹签插入双球修女泡芙中。用食用银箔片装饰竹签顶部。即可食用。

### 咖啡

咖啡，一直是我的心爱之物。我买了一款巴西咖啡，它香浓的味道、清新的色泽以及入口长久的留香都是我喜爱它的原因。这也是一个很好的机会，让全世界认识这个盛产可可的国家：巴西。咖啡的焦香感，可以与奶油形成完美的搭配，比如这款双球修女泡芙。不仅如此，咖啡与杏仁糖、小豆蔻也能产生完美的碰撞。有时候，也可将咖啡制成咖啡香精来使用。

# 诺曼底酸奶

阿勒邦·古尔曼　　　　　　约15瓶　　　　　准备时间：1小时
（Alban Guilmet）　　　　　　　　　　　　制作时间：约45分钟
　　　　　　　　　　　　　　　　　　　　　冷藏时间：2小时

---

**咸黄油焦糖** 细砂糖80克◆水30克◆葡萄糖55克◆半盐黄油15克◆淡奶油80克 **焦糖牛奶米糊** 圆粒米（或意式烩饭大米）75克◆全脂牛奶600克◆细砂糖25克◆香草荚1根◆蛋黄25克◆黄油15克◆淡奶油75克◆盐之花1小撮 **烤苹果** 青苹果350克（约3个苹果）◆黄油70克◆细砂糖35克 **香草香缇奶油** 香草荚1根◆脂肪含量为35%的冷冻淡奶油250克◆糖粉45克

---

## 咸黄油焦糖

　　将细砂糖、水和葡萄糖倒入平底锅加热，熬成色泽明亮的浅色焦糖。关火，移开平底锅。加入半盐黄油和淡奶油，轻轻搅拌。常温保存备用。

## 焦糖牛奶米糊

　　将水倒入平底锅加热至沸腾，一次性加入圆粒米，煮2分钟。关火，将米捞出沥干。香草荚剖成两半，去子。和全脂牛奶、细砂糖一起倒入平底锅煮沸。将沥干的大米倒入香草牛奶中，小火加热20~25分钟。再加入咸黄油焦糖、蛋黄、黄油和盐之花，加热至微微沸腾。关火，移开平底锅。放入冰箱冷藏2小时。

　　从冰箱取出冷却的焦糖牛奶米糊。将淡奶油打发至提起搅拌器时奶油可在搅拌头处形成一个尖角。将打发奶油缓缓倒入米糊中，搅拌均匀。将50克焦糖牛奶米糊均匀地倒入15个玻璃酸奶瓶1/3高度处。

## 烤苹果

　　青苹果去皮，去核及柄，切成约1厘米见方的块。黄油和细砂糖倒入平底锅，小火加热。加入苹果块，继续加热10分钟，轻轻搅拌，直到苹果块微微上色。加热到最后几分钟时将火调大，使苹果表面形成焦糖。关火，冷却。

## 香草香缇奶油

　　香草荚剖成两半，去子，倒入淡奶油中。将糖粉过筛，缓缓倒入淡奶油中，打发至慕斯状。

## 收尾

　　将香草香缇奶油均匀倒入酸奶瓶，再放入烤苹果块。根据个人喜好，可用透明纸盖住玻璃瓶口，再用橡皮筋或者细绳扎紧。这款酸奶可与德琳或焦糖千层酥搭配食用。

# 酥脆佳品

CRAQUANTES LES MIGNARDISES

# 贝桑松酒渍大樱桃

| 乔尔·波德<br>（Joël Baud） | 约185个 | 提前6个月准备（浸渍樱桃）<br>提前4~5天准备<br>准备时间：20分钟（6个月前）<br>　　　　　2分钟（前一天）<br>　　　　　1小时30分钟（当天）<br>制作时间：约12分钟（当天）<br>浸渍时间：6个月 |

---

**大樱桃** 当季蒙特默伦西樱桃（或法国孚日省圣露西樱桃）1千克◆樱桃酒1升 **夹心软糖** 水果软糖（法国权威糕点协会制作的水果软糖）1千克◆樱桃酒50克 **巧克力糖衣** 可可含量为64%的黑巧克力1千克 **收尾** 可可含量为64%的黑巧克力1块

---

## 大樱桃

　　提前六个月准备。将当季蒙特默伦西樱桃洗净、沥干，留梗。将樱桃浸泡在樱桃酒中，密封保存6个月。

　　提前一天，将樱桃取出，倒入滤碗中沥干。

## 夹心软糖

　　制作当天，将水果软糖放入微波炉，加热至45~50℃。倒入碗中。缓缓加入樱桃酒。将碗放入平底锅，隔水加热至45~50℃。用手抓住樱桃梗，将樱桃浸入樱桃软糖酱中。注意在樱桃梗部留有一定空间。依次将樱桃放在烘焙纸上，常温冷却。

## 巧克力糖衣和收尾

　　黑巧克力调温（具体做法见第310页）。在此期间，用刨子将巧克力刨成薄片，再碾成碎末。依次将冷却的樱桃浸入调温巧克力酱。注意距离樱桃梗底部约3毫米的位置不要浸入巧克力酱。依次将沾有巧克力酱的樱桃放在巧克力碎末中，使樱桃底部裹上一层巧克力碎。再将樱桃放入保鲜盒，20℃以下常温保存。

　　樱桃需要放置4~5天，使酒渍樱桃和樱桃酒渍软糖樱桃软糖酱充分渗透。

# 棒棒糖

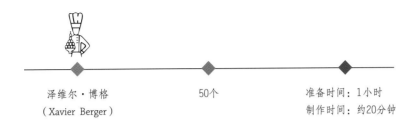

泽维尔·博格
（Xavier Berger）

50个

准备时间：1小时
制作时间：约20分钟

---

**甘纳许** 顶级黑巧克力360克◆淡奶油300克◆混合花蜜35克◆葡萄糖30克◆化黄油10克 **覆盆子果酱** 覆盆子200克◆细砂糖21克+NH果胶7克◆细砂糖160克◆葡萄糖50克◆混合花蜜12克 **巧克力圆片** 可可含量为80%的越南顶级黑巧克力400克 **收尾** 巧克力豆约400个◆糖棒50个

---

## 甘纳许

　　将顶级黑巧克力切块，倒入碗中，隔水加热至45℃。将淡奶油和混合花蜜加热至30℃，倒入融化的巧克力中。加入葡萄糖，用电动搅拌器搅拌。加入化黄油，再次搅拌。用保鲜膜将碗封口，常温冷却凝固。

## 覆盆子果酱

　　将覆盆子倒入平底锅加热，加入21克细砂糖和NH果胶。当果肉开始沸腾后，加入160克细砂糖、葡萄糖和混合花蜜，继续加热至105℃。关火，将覆盆子果酱倒入宽30厘米、高3厘米的正方形模具。凝固后，切成50个直径为3厘米的圆饼。

## 巧克力圆片

　　将越南顶级黑巧克力调温（具体做法见第310页），倒在大理石台面或烘焙纸上，用抹刀摊开，约2毫米厚。待巧克力完全凝固后，切成100个直径为5厘米的圆片。

## 收尾

　　将第一个巧克力圆片蘸取少量调温巧克力酱，粘在糖棒上。将一个覆盆子果酱饼放在巧克力圆片上。将甘纳许倒入套有6号裱花嘴的裱花袋，绕着覆盆子果酱饼挤出一圈甘纳许小球。再在每个甘纳许小球间放一个巧克力豆。最后将第二个巧克力圆片放在上面，棒棒糖就制作完成了。将棒棒糖放在密封盒中常温保存。

# 香菜子牛轧糖

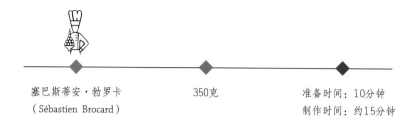

塞巴斯蒂安·勃罗卡
（Sébastien Brocard）

350克

准备时间：10分钟
制作时间：约15分钟

---

带皮杏仁165克◆开心果30克◆香菜子1克◆葡萄糖糖浆66克◆细砂糖90克

---

烤箱调至5挡、预热至150℃。烤盘铺烘焙纸，将带皮杏仁、开心果和香菜子放入烤盘，摊开。放入烤箱烤10分钟。出炉，将铝箔盖在烤盘上保温。葡萄糖糖浆和糖倒入平底锅加热，熬成浅色焦糖。一次性加入温热的杏仁、开心果和香菜子，搅拌均匀。

将混合物倒在硅胶垫上，用抹刀迅速摊开，约1~1.5厘米厚。常温冷却后，将牛轧糖切成块。放入密封盒储存。

# 香草牛轧糖

奥利维尔·布森
（Olivier Buisson）

10人份

准备时间：40分钟
制作时间：约20分钟

---

杏仁片300克 ◆ 香草荚1根 ◆ 水150克 ◆ 葡萄糖糖浆150克 ◆ 细砂糖500克 ◆ 油（涂抹餐盘和大理石台面）1汤匙

---

烤箱调至5~6挡、预热至160℃。用刷子轻轻在一个烤盘上涂一层油。

另一个烤盘铺烘焙纸，再将杏仁片均匀铺在烤盘上。放入烤箱烤10~12分钟，其间翻转搅拌数次。杏仁片需烤至表面金黄。香草荚剖成两半，去子。将香草荚放入一个直径为16厘米的平底锅，加水、葡萄糖糖浆和细砂糖，加热至175℃。

关火，移开平底锅。加入烤好的杏仁片，用木勺搅拌均匀。

将牛轧糖倒入事先涂油的烤盘。烤箱温度调至4~5挡、预热至130℃，放入烤箱保温。

用刷子轻轻在大理石台面上涂一层油。从烤箱取出一小部分热牛轧糖，放在大理石台面上，用塑料或不锈钢擀面杖擀开。趁热，用刀迅速将牛轧糖切成想要的形状。常温下冷却定型。

将做好的牛轧糖放入密封盒，常温保存。

**小贴士**

可用榛子碎、开心果碎、芝麻、罂粟子、碾碎的杏仁夹心糖等代替部分或全部杏仁片。

# 玛雅黑加仑

奥利维尔·布森
（Olivier Buisson）

1.1千克巧克力糖
（122个巧克力糖）

提前3天准备

准备时间：25分钟（3天前）
　　　　　25分钟（2天前）
　　　　　40分钟（前一天）

制作时间：约10分钟
　　　　　约10分钟（前一天）

---

**黑加仑果酱** 黑加仑果肉200克◆果胶5克＋细砂糖20克◆细砂糖140克◆葡萄糖糖浆50克◆食用柠檬酸3克◆糖渍黑加仑子60克 **巧克力糖** 牛奶巧克力155克◆可可含量为65%的黑巧克力188克◆淡奶油130克◆栗子花蜂蜜90克◆水20克◆黄油40克 **黑色糖衣和收尾** 可可含量为65%的黑巧克力1千克◆90°酒25克＋食用亮蓝色闪粉10克◆90°酒25克＋食用金粉5克

---

## 黑加仑果酱

提前三天准备。在烤盘上铺硅胶垫，再将长34厘米、宽25厘米的模具放入烤盘。

黑加仑果肉倒入平底锅，加热搅拌至40℃。将果胶和20克细砂糖混合后，一次性倒入黑加仑果肉中，继续搅拌。当黑加仑果酱开始沸腾时，加入140克细砂糖和葡萄糖糖浆，继续加热至106℃。关火，加入食用柠檬酸和糖渍黑加仑子。搅拌均匀后，迅速倒入模具中，将表面抹平。常温保存。

## 巧克力糖

提前三天准备。将牛奶巧克力和黑巧克力切成小块，倒入碗中，用隔水加热法使3/4巧克力块化开。将淡奶油、栗子花蜂蜜和水一起倒入平底锅煮沸，再分3次倒入巧克力块中，并不断由中心向外画圈搅拌。当蜂蜜甘纳许温度降至37~38℃时，加入切块黄油，用电动搅拌器搅拌均匀。当蜂蜜甘纳许温度降至32~33℃时，迅速倒入黑加仑果酱中，将表面抹平。将模具放入冰箱冷藏至次日。

提前两天，从冰箱取出模具。将刀在热水中浸湿后，插入模具边缘，将巧克力糖脱模。切成方块（或其他形状），每次切之前都将刀在热水中浸湿。烤盘铺烘焙纸，将巧克力糖均匀放入烤盘，注意每两块糖之间都留有一定距离。在24℃室温下放至次日。

## 黑色糖衣和收尾

提前一天，准备一些糖纸用来放置巧克力糖。

将1千克黑巧克力调温（具体做法见第310页），倒入碗中。

将第一块巧克力糖放入巧克力酱，再将3齿巧克力叉插入糖果，轻轻从巧克力酱中提起。再次浸入到巧克力酱中，再次提起，重复2~3次直到糖果表面均匀沾满巧克力酱。将巧克力叉搁在碗沿轻轻抖掉多余巧克力酱，然后再将碗沿的巧克力酱擦掉。将巧克力糖包入糖纸中。按相同的方式制作其余巧克力糖。注意全程将巧克力酱隔水加热，温度保持在31~32℃。

将25克90°酒和食用亮蓝色闪粉、25克90°酒和食用金粉分别倒入2个小碗中混合均匀。将一小片海绵浸入亮蓝色酒精内，在未完全凝固的巧克力糖表面轻轻挤压，使金粉涂在巧克力糖表面。

继续用同样的方式在其余糖果表面涂上蓝色或金色闪粉。注意全程将巧克力酱隔水加热，温度保持在31~32℃。将黑加仑巧克力糖在16℃下放置24小时。

次日即可品尝。

# 蒙特利马尔牛轧糖

| 艾瑞克·埃斯科巴 | 2.1公斤 | 准备时间：40分钟 |
| （Éric Escobar） | （牛轧糖） | 制作时间：约20分钟 |

**牛轧糖** 杏仁800克◆开心果100克◆水80克◆细砂糖300克◆葡萄糖200克◆薰衣草蜜500克◆蛋白120克 **收尾** 葡萄子油适量◆无酵面片（可选）适量

## 牛轧糖

烤箱调至6挡、预热至160℃。烤盘铺烘焙纸，将杏仁和开心果倒入烤盘。放入烤箱，翻搅着烤20分钟。关闭烤箱电源，继续将烤盘放在烤箱中，将烤箱门半开。

将水、细砂糖、葡萄糖和薰衣草蜜一起倒入平底锅加热至140℃，熬成糖浆。将蛋白倒入台式打蛋器，再缓缓倒入热糖浆，搅拌至起泡。一边用喷枪加热搅拌盆，一边高速搅拌3~4分钟。调慢搅拌速度。取少许混合物，放入冰水中查看搅拌程度：需搅拌至松脆易碎状。一旦搅拌完成，立刻加入烤杏仁和烤开心果。

## 收尾

用刷子在烤盘上涂少量葡萄子油（或涂在无酵面片上）。再将热的牛轧糖混合物平铺在烤盘上，约2厘米厚。将温热的牛轧糖切成小方块、长条状或其他喜欢的形状。凝固后放入密封盒保存。

## 蜂蜜

作为普罗旺斯的特色食材，薰衣草蜜质地黏稠、味道清甜、略带水果清香。食用后口齿留香。制作蒙特利马尔牛轧糖时使用的蜂蜜就来自普罗旺斯地区的专业养蜂者。只有使用薰衣草蜜，才能做出地道的蒙特利马尔牛轧糖。

# 荷兰马卡龙

埃里克·奥尔涅　　　　　约72个　　　　　提前2天准备
（Éric Vergne）

准备时间：1小时（2天前）
　　　　　25分钟（当天）

制作时间：10分钟（2天前）
　　　　　7~8分钟（当天）

冷藏时间：2×12小时

---

**马卡龙饼干**　白杏仁粉300克◆细砂糖300克+120克◆糖粉120克◆蛋白150克◆水40克◆橙色可食用色素（自选）1~2滴　**巴西利亚甘纳许**　新鲜生姜4克◆百香果75克（约8个新鲜百香果）◆芒果块75克◆白巧克力150克　**八角咖啡甘纳许**　咖啡豆（埃塞俄比亚摩卡咖啡）12克◆淡奶油125克◆八角茴香1个◆白巧克力180克

---

## 马卡龙饼干

提前两天准备。将白杏仁粉、300克细砂糖和糖粉过筛，倒入碗中，再加入蛋白。隔水加热至45℃。

将120克细砂糖和水倒入平底锅，加热至122℃。将热糖浆缓缓倒入杏仁蛋白中，搅拌均匀。将混合物均匀倒入2个碗中，在其中1个碗内加入橙色可食用色素。继续将2个碗用隔水加热法加热，使面糊温度保持在45℃。先将未添加色素的面糊倒入套有6号裱花嘴的裱花袋中，再将橙色面糊倒入另一个套有6号裱花嘴的裱花袋中。取4个烤盘铺上烘焙纸，用裱花袋在4个烤盘上将两种颜色的面糊挤成圆球。在20℃的室温下，放置一晚。再将这些圆球压扁，压成直径为35毫米、厚2毫米的马卡龙饼干。

## 巴西利亚甘纳许

生姜洗净、切成小块。放入沸水中煮30秒，捞出、沥干。百香果切成两半。将筛子放入碗中，再将百香果果肉和汁一起倒入筛子，过滤，得到75克百香果汁。芒果去皮、切块。将生姜块、百香果汁和芒果块倒入台式搅拌器搅拌。搅拌均匀后，加热至沸腾，倒入细筛过滤。将白巧克力切块，放入碗中。将过滤后的芒果百香果汁分两次缓缓倒入巧克力块中，并不断由中心向外画圈搅拌。再将搅拌均匀的甘纳许倒入小烤盘中。用保鲜膜封口，放入冰箱冷藏一晚。

## 八角咖啡甘纳许

将咖啡豆放入一个塑料袋中，用擀面杖碾

碎。将咖啡豆碎和淡奶油、八角茴香一起倒入平底锅煮沸。关火，盖上锅盖，浸泡3分钟。用细筛过滤咖啡奶油。白巧克力切块，放入碗中。将咖啡奶油分两次缓缓倒入巧克力块中，并不断由中心向外画圈搅拌。将搅拌均匀的咖啡甘纳许倒入小烤盘中。用保鲜膜封口，放入冰箱冷藏一晚。

**收尾**

制作当天，用刀尖微微浸湿的水果刀将马卡龙从中间切成两片。注意每次切之前将刀擦拭干净，刀尖微微浸湿。

烤箱调至5~6挡、预热至170℃。将切成两半的马卡龙放入烤箱烤7~8分钟。

出炉，将马卡龙饼干分成4份（橙色、无色的各两份），分别平铺在4张烘焙纸上。常温放置冷却。将巴西利亚甘纳许和八角咖啡甘纳许分别倒入2个裱花袋。

在1份橙色马卡龙饼干上用裱花袋涂一层甘纳许，再和另1份橙色马卡龙饼干拼在一起。在1份无色马卡龙饼干上用裱花袋涂一层八角咖啡甘纳许，再和另1份无色马卡龙饼干拼在一起。将制作完成的马卡龙放入密封盒，室温4℃下保存。荷兰马卡龙适合温热时食用。

**杏仁**

我选用西班牙瓦伦西亚杏仁来制作这款口感丰富的荷兰马卡龙。瓦伦西亚杏仁口感香甜，油脂均衡。我们用一台非常古老的瑞士三缸磨床将这些杏仁研磨成精细的杏仁粉。因这台磨床，我们也获得了法国活文化遗产企业的殊荣。如今，这些荷兰马卡龙已经成为我们的标志性产品。

# 杏仁脆饼

米歇尔·贝林
（Michel Belin）

60块

准备时间：15分钟
制作时间：12~15分钟

---

**杏仁脆饼面糊** 杏仁200克◆细砂糖500克◆面粉125克◆蛋白125克

---

**杏仁脆饼面糊**

　　将烤箱调至7~8挡、预热至220℃。将杏仁碾碎，和细砂糖、面粉混合均匀。再加入蛋白，搅拌均匀。

　　准备3~4个烤盘，铺上烘焙纸。舀一咖啡匙杏仁面糊，在烤盘内堆成直径约8厘米的杏仁脆饼坯。按照同样的方法制作其他杏仁脆饼坯。注意每2个杏仁脆饼坯之间留有一定空间。

　　先将2个烤盘放入烤箱烤12~15分钟，再以同样的方式和时间放入其余烤盘。烤至表面金黄即可。待其冷却后，即可食用。也可放入密封盒保存。

# 黑白棋

让·菲利普·达克斯
（Jean-philippe Darcis）

20块

提前一天准备

准备时间：10分钟（前一天）
30分钟（当天）

制作时间：约25分钟（当天）

干燥时间：约1小时30分钟

冷藏时间：12小时

---

**饼干** 化黄油60克◆糖粉40克◆蜂蜜3克◆鸡蛋50克◆面粉120克◆细盐1克 **棉花糖霜** 吉利丁粉10克+水50克◆细砂糖150克◆葡萄糖30克◆蛋白60克◆香草荚2根 **巧克力镜面** 可可含量为60%的黑巧克力300克

---

## 饼干

提前一天准备。将化黄油、糖粉和蜂蜜倒入碗中，用手指搅拌均匀。再依次加入细盐和鸡蛋，搅拌均匀。最后一次性加入面粉，快速和面，揉成圆形面团。用保鲜膜包裹面团，放入冰箱冷藏至次日。

制作当天，将烤箱调至6挡、预热至180℃。从冰箱取出面团，在撒有面粉的工作台上将面团擀成约0.5毫米厚的饼干坯。用叉子在饼干坯表面均匀扎孔。再用直径4厘米的切片器将饼干坯切成20个小圆饼。在烤盘铺烘焙纸，将小圆饼放入烤盘。放入烤箱烤12分钟左右。出炉，分别放在2个烤架上冷却。

## 棉花糖霜

将吉利丁粉倒入水中。香草荚剖成两半，去子。再和细砂糖、葡萄糖一起倒入平底锅，

小火加热至110℃，熬成糖浆。当糖浆温度达到110℃时，将蛋白打发至起泡。当糖浆温度达到118℃时，关火，移开平底锅。将水化的吉利丁倒入平底锅。再缓缓将糖浆倒入打发蛋白中，不断搅拌。当蛋白糖浆冷却至30℃时，倒入套有10号裱花嘴的裱花袋中。在每片小圆饼上挤一层棉花糖霜。常温放置1小时。

## 巧克力镜面

将黑巧克力调温（具体做法见第310页）后倒入碗中，隔水加热。保持巧克力温度在31℃，不断搅拌防止巧克力粘在碗壁上。用叉子依次将小圆饼完全浸入巧克力酱中。提起叉子，放在碗沿轻轻抖动，去除多余巧克力酱。再将巧克力小圆饼放在烤盘中的烤架上。常温放置30分钟左右，待其凝固后即可食用。或者放入密封盒，常温避光可保存2周。

# 咸黄油焦糖块

皮埃尔·伊娃·艾纳夫
（Pierre-Yves Henaff）

约242块

准备时间：45分钟
制作时间：约25分钟

---

黄油170克◆香草荚2根◆细盐10克◆淡奶油850克◆细砂糖635克◆水130克◆葡萄糖510克◆透明塑料纸（糖果包装纸）适量

---

黄油切块，放入平底锅加热至125℃，直至呈浅褐色。关火，倒入小号烤盘。待其冷却凝固后，放入碗中。

香草荚剖成两半，去子。再和细盐一起倒入凝固的黄油中。用电动搅拌器搅拌均匀。常温保存。

加热淡奶油。将细砂糖倒入小铜锅中。加水，加热至沸腾。再加入葡萄糖，继续加热至185℃，熬成焦糖。加入热奶油和香草黄油，再次加热至116℃。将一个边长为34厘米、高为1厘米的方形模具放在硅胶垫上。再将奶油焦糖倒入模具，将表面抹平。常温冷却凝固后，脱模。用大号长刀切成长3厘米、宽1.5厘米的焦糖块。再将每个焦糖块都裹上透明塑料纸（糖果包装纸）防潮。将焦糖块放入密封盒，置于阴凉处保存。

# 酥脆甜甜圈

| 米格尔·莫蕾诺<br>（Miguel Moreno） | 25块 | 准备时间：40分钟<br>制作时间：2分钟 |

**面糊** 黄油40克◆牛奶100克◆细盐1克◆面粉60克◆鸡蛋100克◆橄榄油适量　**收尾** 糖粉450克◆水100克

## 面糊

将黄油、牛奶和细盐一起倒入平底锅煮沸。加入面粉混合，直到面糊变得干燥。继续加热2~3分钟。关火，依次加入鸡蛋，搅拌均匀。将面糊倒入套有10号裱花嘴的裱花袋中。准备25张约7厘米见方的烘焙纸。用刷子在烘焙纸表面轻轻涂一层橄榄油。再用裱花袋在每张烘焙纸上挤出一个直径为5厘米的螺旋花环。

将橄榄油加热至180℃。依次将粘有花环的烘焙纸放入橄榄油中。一旦花环从烘焙纸上脱落，立刻用漏勺捞出，然后放在铺有吸油纸的烤架上，去除多余的橄榄油。

## 收尾

将糖粉和水倒入碗中混合均匀。用刷子蘸取适量糖水，轻轻刷在花环表面。常温冷却后食用。

# 摩加多尔马卡龙

皮埃尔·埃尔梅
（Pierre Hermé）

约72个马卡龙
（也就是约144个
马卡龙饼皮）

提前5~7天准备
准备时间：1小时
制作时间：约25分钟
醒发时间：30分钟
冷藏时间：5~7天（蛋白液化）
+2小时+24小时

---

**液化蛋白** 液化蛋白110克 **马卡龙饼皮** 杏仁粉300克◆细砂糖300克◆柠檬黄可食用色素约5克◆红色可食用色素约0.5克◆细砂糖300克◆矿泉水75克◆液化蛋白（做法附后）110克◆可可粉适量 **百香果牛奶巧克力甘纳许** 法芙娜吉瓦娜（Jivara）巧克力（可可含量为40%的牛奶巧克力550克）◆百香果10个（用来提取250克百香果汁）◆常温维耶特（La Viette）黄油100克

---

## 液化蛋白

提前5~7天准备。将液化蛋白倒入2个碗中。用保鲜膜封口，再在保鲜膜上扎几个小洞。放入冰箱冷藏5天。

## 马卡龙饼皮

制作马卡龙前一天，将杏仁粉和细砂糖过筛，倒入碗中。从冰箱取出液化蛋白。将红色可食用色素倒入第一份液化蛋白中，搅拌均匀。倒入杏仁粉和细砂糖的混合物中，无须搅拌。将矿泉水和细砂糖倒入平底锅加热至118℃。当糖浆温度达到115℃时，将第2份液化蛋白打发至起泡。

将煮至118℃的糖浆缓缓倒入打发蛋白中，持续搅拌。当蛋白糖浆冷却至50℃时，倒入上一步的碗中，搅拌成均匀的面糊。再将面糊倒入套有11号裱花嘴的裱花袋中。

准备2个烤盘，铺烘焙纸。用裱花袋在烤盘上挤出直径约3.5厘米的圆形面糊，每个面糊之间间隔2厘米。

将烤盘在铺有厨房蒸笼布的工作台上轻轻拍打，去除面糊中的气泡。可可粉过筛，均匀地撒在圆形面糊表面。室温静置30分钟以上。

将烤箱调至6挡、预热至180℃。将烤盘放入烤箱烤12分钟，其间将烤箱门快速开关2次，减少烤箱内水汽。出炉，将马卡龙饼皮放在工作台上冷却。

## 百香果牛奶巧克力甘纳许

法芙娜吉瓦娜巧克力切块，倒入碗中。

百香果切成两半，挖出果肉压榨过滤，提取出250克果汁。再将果汁倒入平底锅加热至沸腾。巧克力碗放入热水中，隔水加热巧克力至半融化状态。分2次将热果汁倒入巧克力中，并由中心向外画圈方式不断搅拌。当百香果巧克力酱温度达到60℃时，缓缓加入常温维耶特黄油。继续搅拌至百香果巧克力甘纳许变得光滑细腻。倒入小烤盘，保鲜膜封口，放入冰箱冷藏至慕斯状。从冰箱取出甘纳许，倒入套有11号裱花嘴的裱花袋中。

用裱花袋将甘纳许均匀地涂在1/2马卡龙饼皮上，再盖上剩余1/2马卡龙饼皮。将马卡龙放入冰箱冷藏24小时。

食用前，提前2小时从冰箱取出。

# 糖渍小柑橘

皮埃尔·茹文德
（Pierre Jouvaud）

3千克

至少提前1个月准备
准备时间：提前1个月
1小时30分钟（第一天）
10分钟（第二天及之后）
制作时间：约20分钟（第一天）
10分钟（第二天及之后）

---

**准备小柑橘** 科西嘉小柑橘（个小皮薄、12月初成熟）3千克 **制作糖浆** 水1千克◆细砂糖900克◆葡萄糖糖浆450克 **二次沸腾和补充糖浆** 水1.2千克◆细砂糖2.3千克◆葡萄糖糖浆1.15千克

---

## 准备小柑橘

第一天，用针在科西嘉小柑橘表面扎孔，扎至柑橘中心位置。轻轻剥掉橘皮，去除柑橘表面纤维。将一大锅水煮至沸腾，倒入处理好的小柑橘，煮10分钟。煮至可以很轻松地将针插入柑橘。

这样做的目的是将柑橘本身的水分和糖分在煮沸的过程中去除，以便之后用利于柑橘储存的细砂糖和葡萄糖来代替。在表面扎洞和去除表面纤维都有利于用细砂糖和葡萄糖代替柑橘本身的糖分。

## 制作糖浆

将水、细砂糖和葡萄糖糖浆一起煮沸，熬成糖浆。将热糖浆倒入大号平底锅，加入小柑橘。注意选用适当大小的平底锅，不能使小柑橘浮在糖浆上，小柑橘的高度要超过糖浆。如

有需要，根据小柑橘的数量调整平底锅内糖浆的多少。

再次将糖浆加热至沸腾，继续加热至少3分钟。加热过程中需不断轻轻搅拌小柑橘，防止烤焦。

将小柑橘和糖浆一起倒入大碗中，常温放置。

## 第二天

### 二次沸腾和补充糖浆

第二天，将水、细砂糖和葡萄糖糖浆一起倒入平底锅煮沸。将1/2升热糖浆倒入小柑橘中，轻轻搅拌，再一起倒入平底锅加热。将柑橘糖浆加热至沸腾，再继续加热3分钟左右。关火，将小柑橘和糖浆一起倒回大碗中，常温放置2天。剩余补充糖浆保存备用。

重复8~10次上述操作，间隔时间也会逐渐增长。

## 第四天

将小柑橘和1/2升备用的补充糖浆，一起倒入平底锅加热。沸腾后继续煮3分钟左右。关火，将小柑橘和糖浆一起倒回大碗中，常温放置3天。

## 第七天

将小柑橘和1/2升补充糖浆，一起倒入平底锅加热。沸腾后继续煮3分钟左右。关火，将小柑橘和糖浆一起倒回大碗中，常温放置3天。

## 第十天

将小柑橘和1/2升补充糖浆，一起倒入平底锅加热。沸腾后继续煮3分钟左右。关火，将小柑橘和糖浆一起倒回大碗中，常温放置4天。

## 第十四天

将小柑橘和1/2升补充糖浆，一起倒入平底锅加热。沸腾后继续煮3分钟左右。关火，将小柑橘和糖浆一起倒回大碗中，常温放置4天。

## 第十八天

将小柑橘和1/2升补充糖浆，一起倒入平底锅加热。沸腾后继续煮3分钟左右。关火，将小柑橘和糖浆一起倒回大碗中，常温放置5天。

## 第二十三天

将小柑橘和1/2升补充糖浆，一起倒入平底锅加热。沸腾后继续煮3分钟左右。关火，将小柑橘和糖浆一起倒回大碗中，常温放置7天。

## 第三十天

将小柑橘和1/2升补充糖浆，一起倒入平底锅加热。沸腾后继续煮3分钟左右。关火，将小柑橘和糖浆一起倒回大碗中，常温放置。

到这个阶段，糖渍小柑橘已经基本完成。可以再次将小柑橘和糖浆倒入平底锅，加热至沸腾3分钟左右。关火，冷却后装入广口瓶，密封倒置储存。

需要注意的是，小柑橘仍需在糖浆中浸渍十五天，才能达到最佳口感。

## 小贴士

可将糖渍小柑橘用于制作各式蛋糕或与酸奶搭配。也可用于制作朗姆酒渍蛋糕，为蛋糕增添果香风味。

# 烤蛋白

沃尔克·格梅纳
（Volker Gmeiner）

约140个

准备时间：20分钟
制作时间：3小时

蛋白200克◆细砂糖200克◆糖粉200克

烤箱调至5挡、预热至150℃。将蛋白倒入搅拌机，缓缓加入细砂糖和过筛后的糖粉，持续搅拌至湿性发泡。

将蛋白霜倒入套有8号裱花嘴的裱花袋中。

准备几个烤盘，铺上烘焙纸。用裱花袋将蛋白霜在烤盘上先挤出一个直径约5厘米的蛋白球，然后在大号蛋白球顶部再挤出一个小号蛋白球。

放入烤箱烤3小时。

出炉，将烤蛋白放在烤架上冷却。待其冷却后即可食用，或放入密封盒保存。

# 松子球

米格尔·莫蕾诺
（Miguel Moreno）

25个

准备时间：40分钟
制作时间：6分钟

---

**面团** 水50克◆细砂糖50克◆杏仁粉100克◆糖渍橙皮8克 **收尾** 松子125克◆蛋黄125克

---

## 面团

将水和细砂糖一起倒入平底锅煮沸，熬成糖浆。糖浆冷却后倒入搅拌机。加入杏仁粉，搅拌至面团开始粘在搅拌机内壁上。将糖渍橙皮切成小块，倒入面团搅拌均匀。将面团擀成长条，再切成7克左右的小面团。用手将小面团揉成小圆球。

## 收尾

将小圆球放在松子上滚动，轻压使松子微微嵌入面团并裹住整个面团。烤盘铺烘焙纸，将裹有松子的面团依次放入烤盘。将蛋黄倒入碗中打散。用刷子将蛋黄液均匀涂在松子面团表面。将烤箱调至10挡、预热至200℃。放入烤箱烤5~6分钟，烤至松子呈现金黄色。出炉，将松子团放在烤架上。冷却后即可食用。

# 坚果脆饼

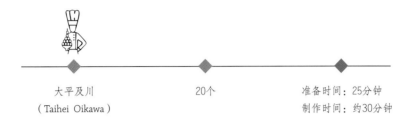

大平及川
（Taihei Oikawa）

20个

准备时间：25分钟
制作时间：约30分钟

---

**脆饼面团** 红糖240克◆蛋白55克◆香草粉2克◆小苏打1.8克◆面粉25克+适量（用于工作台）◆杏仁粉40克◆榛子粉40克◆杏仁碎180克◆榛子碎200克◆开心果碎80克 **收尾** 糖粉适量

---

## 脆饼面团

将红糖和蛋白倒入碗中，打发至起泡。加入香草粉、小苏打、面粉、杏仁粉和榛子粉，搅拌均匀。倒入杏仁碎、榛子碎和开心果碎，搅拌均匀。

烤箱调至4~5挡、预热至140℃。将面团在撒有面粉的工作台擀成约1厘米厚的饼坯。用压花器将饼坯压成30个直径为6厘米的小圆饼。在烤盘内铺烘焙纸，依次将小圆饼放入烤盘。

## 收尾

将糖粉均匀地撒在小圆饼上。放入烤箱烤30分钟左右。

出炉，将坚果脆饼放在烤架上。冷却后即可食用。也可放入密封盒保存。

# 柠檬酥饼

川村秀树
（Hideki Kawamura）

30块

提前一天准备
准备时间：10分钟（前一天）
40分钟（当天）
制作时间：15分钟+30秒（当天）

---

**油酥面团** 化黄油120克◆糖粉70克◆鸡蛋30克◆杏仁粉50克◆面粉180克+适量（用于工作台）◆酵母0.5克◆柠檬皮2克 **柠檬酱** 柠檬汁20克◆柠檬皮2克◆白巧克力100克 **柠檬夹心** 糖粉150克◆柠檬汁30克◆柠檬橄榄油10克◆黄色可食用色素粉2~3撮 **黄杏果酱镜面** 黄杏果酱适量

---

### 油酥面团

提前一天准备。将化黄油和糖粉倒入碗中，用手指搅拌均匀。加入鸡蛋、杏仁粉、面粉、酵母和柠檬皮，再次搅拌均匀，揉成光滑的圆形面团。用保鲜膜包裹，放入冰箱冷藏至次日。

制作当天，将烤箱调至5挡、预热至150℃。

从冰箱取出面团，在撒有面粉的工作台上，将面团擀开，擀成2.5毫米厚的饼坯。用菊花状压花器（或其他个人喜欢的形状）将饼坯压成直径为7厘米的菊花形小圆饼。烤盘铺烘焙纸，将菊花形小圆饼放入烤盘。放入烤箱烤15分钟。

### 柠檬酱

将柠檬汁和柠檬皮一起倒入平底锅煮沸。

将白巧克力切块，倒入碗中。将热柠檬汁缓缓倒入巧克力块中，用电动搅拌器搅拌。

### 柠檬夹心

糖粉过筛倒入碗中。再加入柠檬汁、柠檬橄榄油和黄色可食用色素粉，搅拌均匀。

### 黄杏果酱镜面和收尾

烤箱调至8~9挡、预热至230℃。将黄杏果酱倒入平底锅加热，过筛后倒入碗中。用刷子在1/2酥饼表面均匀涂一层果酱。待果酱冷却晾干后，再涂一层柠檬夹心。放入烤箱烤30秒。

将柠檬酱倒入裱花袋，均匀涂在剩余1/2酥饼表面。从烤箱取出有夹心的酥饼，盖在涂有柠檬酱的酥饼上。即可食用。

# 松软茶点

MOELLEUX LES GOÛTERS

# 奥地利苹果卷

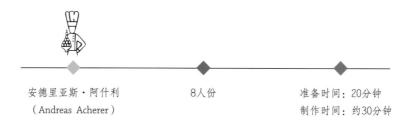

安德里亚斯·阿什利
（Andreas Acherer）

8人份

准备时间：20分钟
制作时间：约30分钟

**夹心** 苹果（金冠苹果）600克◆松子30克◆葡萄干30克◆细砂糖24克◆桂皮粉3克◆柠檬皮1/2（柠檬）**蛋糕卷** 黄油30克◆薄酥皮2张◆面包糠2汤匙 **收尾** 糖粉适量

## 夹心

苹果去皮、去核。先切成两半，再切成薄片。将苹果片、松子、葡萄干、细砂糖、桂皮粉和柠檬皮倒入碗中，搅拌均匀。

## 蛋糕卷

烤箱调至8~9挡、预热至260℃。将黄油放入平底锅，小火加热至化开。将薄酥皮依次摆放好。用刷子将化黄油均匀地涂在酥皮上。在第一张酥皮上薄薄地撒一层面包糠。将适量夹心倒入第一张酥皮中，用勺子整理成香肠状，边缘至少留3~4厘米的距离。再将松子撒在夹心上。最后将酥皮从一侧慢慢卷起。用同样的方法卷好第2张酥皮。将苹果卷两端向内折叠，叠在一起。再用刷子涂上适量黄油。烤盘铺烘焙纸，将苹果卷放入烤盘。放入烤箱烤30分钟左右。

## 收尾

从烤箱取出苹果卷，放在烤架上。待苹果卷变得温热时，将糖粉过筛，均匀撒在表面。即可食用。

## 小贴士

为了更好地将苹果夹心做成香肠状，可先将苹果夹心放入树干蛋糕模具中压实。

# 金字塔牛角包

卢卡·马拿里
（Luca Mannori）

20个

提前2天准备
准备时间：20分钟（2天前）
　　　　　30分钟（前一天）
　　　　　15分钟（当天）
冷藏时间：4小时（前一天）
制作时间：几分钟（2天前）
　　　　　6分钟（前一天）
　　　　　25分钟（当天）
冷冻时间：30分钟（前一天）
发酵时间：5~6小时（当天）

---

**厄瓜多尔巧克力面团** 化黄油75克+740克◆面包专用酵母18克◆水240克◆面粉1千克+适量（用于工作台）◆脱脂奶粉20克◆细砂糖120克◆海盐20克◆鲜牛奶200克◆可可粉20克◆淡奶油20克 **半糖渍橙皮糖浆** 水370克◆细砂糖150克◆新鲜橙皮120克 **组合** 黄杏果酱1罐◆厄瓜多尔巧克力20块 **收尾** 蛋黄3个◆牛奶15克◆半糖渍橙皮糖浆（做法附后）◆糖渍橙皮4片

---

## 厄瓜多尔巧克力面团

　　提前两天准备。将75克黄油小火加热至化开。将面包专用酵母放入水中溶解，再加入化黄油。将面粉、脱脂奶粉、细砂糖和海盐一起倒入揉面机，搅拌几分钟。加入鲜牛奶和酵母、黄油混合物，快速揉成面团。将面团分成两份，分别为1.5千克和200克。将苦可可粉倒入淡奶油混合。将200克的面团放入揉面机，加入可可淡奶油。搅拌2~3分钟，搅拌成光滑的圆形巧克力面团。将1.5千克面团擀成长60厘米、宽40厘米的长方形面团。用保鲜膜分别

包裹2个面团，常温放置2小时后，放入冰箱冷藏至次日。

　　提前一天，用擀面杖将740克黄油擀成比长方形面团略小的正方形。从冰箱取长方形面团，将正方形黄油放在面团中间。沿黄油边沿向内折叠面团，形成一个正方形面团。再将面团擀成50厘米长的长方形，对折长边。将面团旋转90°。裹上保鲜膜，放入冰箱冷藏1小时。重复3次以上操作，注意每次都需将面团放入冰箱冷藏1小时。最后在撒有面粉的工作台，将牛角包面团擀成1.5厘米厚的面片。从

冰箱取出圆形巧克力面团，擀成同样的厚度。将巧克力面团放在牛角包面团上，再放入冰箱冷冻30分钟。

## 半糖渍橙皮糖浆

将水和细砂糖倒入平底锅煮沸，加入新鲜橙皮。转小火再次煮沸后，关火冷却。重新用小火加热平底锅，二次煮沸，然后关火冷却。将冷却的半糖渍橙皮糖浆放入冰箱冷藏。

## 组合

从冰箱取出半糖渍橙皮，沥干。从冰箱取出巧克力牛角包面团，沿长边从中心切成两半。用刷子在面团表面均匀涂上黄杏果酱，再撒上沥干后的半糖渍橙皮。为使牛角包大小一致，用纸板做一个边长为8厘米的正三角形。

将三角形纸板放在面饼上，用刀沿着三角形边沿切出三角形面饼。翻转三角形面饼，使巧克力面朝下。将1块厄瓜多尔巧克力放在三角形一边，然后将三角形卷起。将卷好的面团放入冰箱冷藏至次日。

## 收尾

制作当天，从冰箱取出牛角包面团。室温26℃下放置5~6小时。

烤箱调至5~6挡、预热至175℃。将蛋黄和牛奶倒入碗中搅拌。用刷子在牛角包面团表面均匀涂一层蛋奶。放入烤箱烤20~25分钟。出炉，常温冷却。用刷子在牛角包表面涂一层半糖渍橙皮糖浆，再将糖渍橙皮切块放在牛角包上装饰，即可食用。也可放至温热或冷却后食用。

# 桂皮面包圈

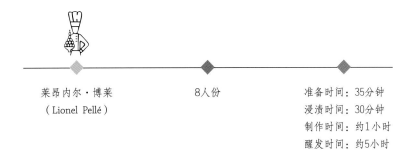

莱昂内尔·博莱
（Lionel Pellé）

8人份

准备时间：35分钟
浸渍时间：30分钟
制作时间：约1小时
醒发时间：约5小时

---

**面包面团** T45面粉300克◆T55面粉300克◆细砂糖70克◆细盐12.5克◆鸡蛋300克◆面包专用酵母20克◆冷冻黄油300克 **卡仕达酱** 全脂牛奶500克◆香草荚1根◆蛋黄80克◆红糖125克◆布丁粉45克◆黄油20克 **杏仁酱** 黄油45克◆糖粉55克◆杏仁粉55克◆玉米粉3克◆朗姆酒2克◆鸡蛋30克◆卡仕达酱（做法附后）100克 **桂皮夹心** 杏仁酱（做法附后）250克◆卡仕达酱（做法附后）75克◆淡奶油45克◆桂皮粉10克 **收尾** 葡萄干50克◆青核桃仁50克◆面粉适量（用于工作台）◆黄油适量（涂抹模具）

---

## 面包面团

　　将T45面粉、T55面粉、细砂糖、细盐、鸡蛋和面包专用酵母倒入搅拌机，搅拌至面团开始黏在搅拌机内壁上。加入切块冷冻黄油，再次搅拌至面团开始黏在搅拌机内壁上。将面团放入碗中，盖上蒸笼布，室温24℃下醒发至体积膨大至2倍。

## 卡仕达酱

　　香草荚剖成两半，去子。将全脂牛奶和香草荚倒入平底锅，小火加热至沸腾。关火。平底锅盖上锅盖，香草荚浸泡30分钟。将蛋黄、红糖、布丁粉倒入另一口平底锅，再缓缓加入1/4香草牛奶，不断搅拌。继续倒入剩余香草牛奶，继续搅拌。取出香草荚。小火加热平底锅，持续搅拌至沸腾。停止搅拌，保持煮沸的状态1~2分钟。关火，迅速将卡仕达酱倒入小碗。再将小碗放入盛有冰块的冷水碗中。不断搅拌至卡仕达酱温度降至60℃。加入切块黄油。继续置于冰水中，不断搅拌至完全冷却。取出小碗，用保鲜膜封口。放入冰箱冷藏。

## 杏仁酱

　　将黄油放入搅拌机搅拌成乳状。将糖粉、杏仁粉和玉米粉过筛，倒入黄油中。再加入鸡蛋，搅拌均匀。加入朗姆酒，继续搅拌至杏仁酱变得黏稠、顺滑。从冰箱取出100克卡仕达酱，倒入杏仁酱中，轻轻搅拌。

## 桂皮夹心

将250克杏仁酱和75克卡仕达酱混合均匀，再加入淡奶油和桂皮粉，搅拌至黏稠、顺滑。

## 收尾

葡萄干倒入热水浸泡10分钟。青核桃仁碾碎。从冰箱取出面包面团，放在撒有面粉的工作台上，擀成3毫米厚的长方形。用刮刀在面团表面均匀涂一层桂皮夹心酱。再均匀撒上碾碎的青核桃仁和沥干的葡萄干。卷起面团，然后切成3厘米宽的面团。准备1个直径为24厘米和1个直径为10厘米的慕斯圈，用刷子在慕斯圈内壁涂适量黄油。烤盘铺烘焙纸，将大慕斯圈放入烤盘。再将小慕斯圈放入大慕斯圈内。将切好的面团依次摆放在两个慕斯圈之间。用蒸笼布盖住烤盘，室温25℃下醒发面团至体积膨大至2倍。

烤箱调至5~6挡、预热至160℃。放入烤箱烤35分钟。出炉，冷却后即可食用。

# 法式柑橘甜甜圈

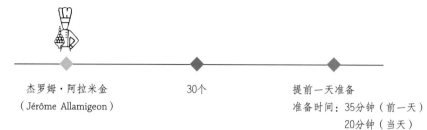

杰罗姆·阿拉米金
（Jérôme Allamigeon）

30个

提前一天准备
准备时间：35分钟（前一天）
　　　　　20分钟（当天）
制作时间：约45分钟（前一天）
　　　　　约12分钟（当天）

---

**柑橘果酱** 新鲜小柑橘600克◆小柑橘汁240克+细砂糖500克◆细砂糖120克+NH果胶18克◆吉利丁粉10克+柠檬汁（1个柠檬）**面糊** 黄油45克◆细砂糖80克◆杏仁粉100克◆鸡蛋90克◆蛋黄10克◆面粉15克

---

### 柑橘果酱

　　提前一天准备柑橘果酱。新鲜小柑橘洗净、沥干。带皮切成大块，去子。将小柑橘汁和500克细砂糖倒入平底锅加热，再加入柑橘块。小火加热30分钟，关火。加入120克细砂糖和NH果胶，再次用小火加热约15分钟。关火，加入吉利丁粉和柠檬汁。用电动搅拌器进行搅拌。再次加热至沸腾，然后迅速倒入消过毒的果酱瓶中。轻轻将瓶口擦拭干净，拧紧瓶盖。将果酱瓶倒置，常温冷却保存。

### 面糊

　　当天准备面糊。小火加热化黄油。将细砂糖、杏仁粉、鸡蛋和蛋黄倒入碗中，搅拌成光滑的面糊。依次加入面粉和化黄油，轻轻搅拌均匀。将面糊分别倒入2个联排迷你马芬硅胶蛋糕模（各15个）。

　　将4汤匙柑橘果酱倒入套有7号裱花嘴的裱花袋中。再将裱花嘴插入面糊一半高度处，挤入少量柑橘果酱。放入烤箱烤12分钟。出炉，冷却后脱模。这款法式甜甜圈可与柑橘果酱搭配食用。

# 蒙马特方包

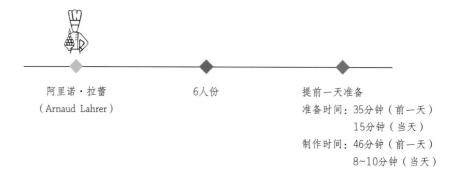

阿里诺·拉蕾
（Arnaud Lahrer）

6人份

提前一天准备

准备时间：35分钟（前一天）
　　　　　15分钟（当天）
制作时间：46分钟（前一天）
　　　　　8~10分钟（当天）

---

**蛋糕坯** 杏仁含量为65%的杏仁酱300克◆鸡蛋150克◆苦杏仁精油1滴◆化黄油75克+适量（涂抹模具）◆面粉20克+适量（用于工作台）◆土豆淀粉20克 **收尾** 蛋白2个◆杏仁面团125克+蛋黄2个

---

## 蛋糕坯

　　提前一天准备。将杏仁酱倒入搅拌机。依次加入鸡蛋，二挡速度搅拌30分钟。再加入苦杏仁精油。烤箱调至6挡、预热至180℃。小火将黄油化开。将1/3杏仁面酱倒入碗中，加入冷却的化黄油。搅拌均匀后，将杏仁黄油酱倒回搅拌机。加入面粉和土豆淀粉，搅拌均匀。用刷子在18厘米宽的方形烤盘内涂适量黄油，再撒入适量面粉。将烤盘倒置，去除多余面粉。将面糊倒入烤盘，约3厘米高。轻轻震动烤盘，消除面糊中的气泡。

　　放入烤箱烤45分钟。取出后，将刀尖插入蛋糕，拔出后刀尖是干燥的即可。出炉，常温

冷却后，脱模。用保鲜膜包裹蛋糕坯，常温保存至次日。

## 收尾

　　制作当天，烤箱调至6挡、预热至180℃。

　　将蛋白打发至慕斯状。用刷子在蛋糕坯表面均匀地涂一层蛋白霜。将杏仁面团擀成约21厘米宽、2毫米高的正方形，放在蛋糕坯上，并将四个边向下折叠，裹住蛋糕坯。蛋黄倒入碗中轻轻搅拌。用刷子分2次在杏仁面团表面均匀涂上蛋黄。用咖啡匙在面团表面画出喜欢的线条。放入烤箱烤8~10分钟。出炉，冷却后即可食用。

# 意式千层夹心酥

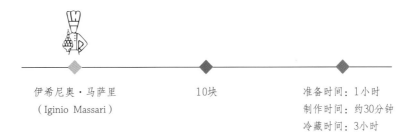

| 伊希尼奥·马萨里<br>（Iginio Massari） | 10块 | 准备时间：1小时<br>制作时间：约30分钟<br>冷藏时间：3小时 |
| --- | --- | --- |

**糖渍橙子酱** 糖渍橙子40克◆水250克◆细盐4克◆细砂糖70克◆意大利乳清干酪250克◆细砂糖125克◆鸡蛋150克◆香草荚1根 **意式千层酥皮** 面粉250克+适量（用于工作台）◆水100克◆黄油70克+化黄油80克◆细盐1克 **收尾** 糖粉适量

## 糖渍橙子酱

将糖渍橙子切成小块。水和细盐倒入平底锅煮沸，缓缓加入细砂糖，不断搅拌。继续用小火加热3分钟左右。关火，将糖浆倒入碗中冷却。加入意大利乳清干酪，搅拌均匀。将香草荚剖成两半，去子。和橙子块、细砂糖、鸡蛋一起倒入糖浆中，搅拌均匀。用保鲜膜封口，放入冰箱冷藏。

## 意式千层酥皮和收尾

将面粉、水、细盐和70克黄油倒入碗中，搅拌至面团变得光滑、有韧性。将面团揉成圆球，裹上保鲜膜，放入冰箱冷藏1小时。从冰箱取出面团，放在撒有面粉的工作台上，擀成长1.8米、宽25厘米的面饼（擀开后的面饼皮应当呈半透明状）。用刷子在面饼表面均匀地涂一层化黄油。轻轻将面饼从一边卷起，卷成直径约8厘米的圆柱形。需要特别注意的是，卷面团的时候动作要快、以免混入更多的空气。将面卷放入冰箱冷藏2小时。

从冰箱取出圆柱形面卷，切成约1厘米厚的圆饼。取一片圆饼放在手心，将大拇指放在圆饼中心位置。用大拇指轻压并转动圆饼，将圆饼碾成大贝壳状。用勺子将糖渍橙子酱倒入贝壳状的面饼中。对折面饼，并压紧饼边。用同样的方法制作其余圆饼。将烘焙纸铺在烤盘上，依次放入做好的夹心面饼。

烤箱调至6~7挡、预热至190℃。放入烤箱烤25分钟。从烤箱取出千层夹心酥，撒上适量糖粉，趁热品尝。

# 夹心饼干

| 吉野吉朗<br>（Yoshiaki Kaneko） | 30个<br>（每种口味各10个） | 准备时间：1小时<br>制作时间：20分钟<br>冷藏时间：3小时 |
| --- | --- | --- |

---

**饼干** 黄油250克◆面粉250克◆红糖250克◆细盐3克◆牛奶150克◆鸡蛋180克◆葡萄子油适量（涂抹模具）
**传统杏仁糖** 细砂糖230克◆水65克◆带皮杏仁365克◆香草荚1/2根◆盐之花3克 **杏仁巧克力夹心** 可可含量为40%的法芙娜吉瓦娜（Jivara）牛奶巧克力25克◆传统杏仁糖130克（做法附后） **香草黄油酱** 鸡蛋55克◆蛋黄30克◆细砂糖12克◆香草精6克◆细砂糖165克+水45克◆黄油315克 **香草杏仁夹心** 常温杏仁酱75克◆香草黄油酱75克（做法附后）◆香草粉0.3克◆香草精3克 **软焦糖夹心** 脂肪含量为35%的淡奶油70克◆葡萄糖5克+15克◆大溪地香草荚1/4根◆细砂糖155克◆半盐黄油63克◆可可脂55克

---

## 饼干

小火将黄油化开。将面粉、红糖、细盐、牛奶、鸡蛋和冷却的化黄油倒入碗中，用电动搅拌机搅拌均匀。保鲜膜封口，放入冰箱至少冷藏3小时。

用刷子在多功能华夫饼机烤盘内轻轻刷一层葡萄子油。从冰箱取出面糊，倒入烤盘，中挡模式烤3分钟。取出饼干，放在烤架上冷却。

## 传统杏仁糖

将细砂糖和水一起倒入平底锅加热，熬至焦糖呈现明亮的金黄色。加入带皮杏仁，继续加热搅拌，使杏仁表面裹上焦糖。将香草荚剖成两半，去子。将盐之花碾碎。将香草荚和盐之花放入焦糖中混合。取出香草荚，用电动搅拌器搅拌至杏仁糖呈细颗粒状。

## 杏仁巧克力夹心

法芙娜吉瓦娜牛奶巧克力切块，倒入碗中，隔水加热至化开。加入130克传统杏仁糖，搅拌均匀。将巧克力杏仁夹心酱倒入裱花袋。将30克巧克力杏仁酱均匀涂在1块饼干表面，再将另1块饼干盖在上面。

## 香草黄油酱

将鸡蛋、蛋黄、12克细砂糖和香草精倒入搅拌机，搅拌至慕斯状。将165克细砂糖和水倒入平底锅加热至118℃，熬成糖浆。将热糖浆缓缓倒入打发蛋液中，搅拌至完全冷却。分5~6次加入切块黄油，轻轻搅拌。

## 香草杏仁夹心

杏仁酱常温下软化，放入碗中搅拌至顺滑。加入150克香草黄油酱、香草粉和香草精，搅拌均匀后，倒入裱花袋，将30克香草杏仁酱均匀地涂在1块饼干上，再将另1块饼干盖在上面。

## 软焦糖夹心

香草荚剖成两半，去子。将淡奶油、5克葡萄糖和香草荚倒入平底锅加热至沸腾。将细砂糖和15克葡萄糖倒入另一口平底锅加热，熬成硬焦糖。将热奶油倒入硬焦糖中，持续搅拌，加热至119℃。加入切块半盐黄油和可可脂，搅拌均匀。将热的软焦糖倒入裱花袋。将30克软焦糖均匀涂在1块饼干上，再将另1块饼干盖在上面。

将做好的杏仁巧克力夹心饼干、香草杏仁夹心饼干和软焦糖夹心饼干放入餐盘，即可食用。

# 杏仁巧克力牛角包

劳伦·杜善恩
（Laurent Duchene）

20个

准备时间：45分钟

面团醒发时间：2小时（冷藏）+
　　　　　　30分钟（常温）

发酵时间：约1小时30分钟

制作时间：37分钟

---

**牛角包面团** 水240克◆面包专用酵母15克◆T65面粉30克◆T55面粉150克◆奶粉25克◆细盐10克◆细砂糖55克◆黄油250克◆面粉适量（用于碗和工作台）**可可面团** T65面粉35克◆T55面粉20克◆可可粉11克◆面包专用酵母2克◆水45克◆奶粉3克◆细砂糖5克◆细盐1克 **杏仁糖** 杏仁180克◆细砂糖200克◆水50克◆葡萄糖18克 **装饰** 蛋黄60克◆牛奶60克 **糖浆** 水50克◆细砂糖60克

---

## 牛角包面团

　　将面包专用酵母倒入搅拌机，加少量水搅匀。将T65面粉、T55面粉和奶粉倒入剩余水中搅匀，再倒入搅拌机。加入细盐和细砂糖，一挡速度搅拌2分钟左右，使面团变得光滑。准备一个大碗，轻轻撒入适量面粉。将面团放入碗中，盖上蒸笼布。常温放置30分钟左右。

　　在工作台上撒适量面粉，将面团擀成长30厘米、宽15厘米的长方形。在烤盘上铺烘焙纸，将长方形面饼放入烤盘。在面饼上再铺一层烘焙纸，防止面饼膨胀。放入冰箱冷藏1小时。

　　用擀面杖的顶端拍打黄油，拍成15厘米宽的正方形。需要特别注意的是要检查黄油软化程度：将手指插入黄油块，黄油不能粘在手指上。从冰箱取出长方形面饼，将黄油块放在面

饼中间。沿黄油块四个边向内折叠面饼，形成一个新的正方形面饼。再次将面饼擀成50厘米长的长方形。先将面饼两端向中心折叠，之后再对折。将面团放入冰箱冷藏30分钟。从冰箱取出面团，旋转90°，沿折叠反方向重复一次上述擀开折叠的操作。

## 可可面团

　　将T65面粉、T55面粉和可可粉过筛。将面包专用酵母碾碎，和水、奶粉、面粉、可可粉、细砂糖、细盐一起倒入搅拌机搅拌均匀。放入冰箱冷藏。

## 杏仁糖

　　将烤箱调至5挡、预热至150℃。烤盘铺烘

焙纸,将杏仁倒入烤盘。放入烤箱烤20分钟,其间翻搅几次杏仁,防止烤焦。将水、细砂糖和葡萄糖倒入平底锅加热至180℃,熬成焦糖。将烤好的杏仁倒入平底锅,不断搅拌使杏仁表面均匀裹上焦糖。再将焦糖杏仁倒在硅胶垫上,用抹刀将表面抹平。用擀面杖将杏仁糖尽可能擀成薄片。

## 杏仁巧克力牛角包

在撒有面粉的工作台,将牛角包面团擀成长30厘米、宽15厘米的长方形。再将可可面团擀成同样的大小,放在牛角包面团上。将叠放的两块面团一起擀成长50厘米、宽25厘米、高3毫米的长方形。为制作出相同大小的牛角面包,用纸板折一个底边为9厘米、腰长为25厘米的等腰三角形,并用这个三角形当模具把将擀开的面团均匀切开。翻转三角形面饼,将带有可可面团的一面朝下。用勺子在每个三角形面饼上放入约10克的杏仁糖。将三角形面饼从一边卷起。准备2个烤盘铺烘焙纸,依次将卷好的牛角包坯放入烤盘,盖上蒸笼布。室温25℃下放置1小时30分钟左右。

## 装饰

烤箱调至5~6挡、预热至170℃。将蛋黄和牛奶倒入碗中搅拌均匀。用刷子蘸取适量蛋奶,均匀地涂在牛角包表面。放入烤箱烤15分钟。

## 糖浆

将水和细砂糖倒入平底锅加热至沸腾,熬成糖浆。

## 收尾

从烤箱取出牛角包,用刷子轻轻在热牛角包表面涂一层糖浆。趁热食用。也可以放至温热或冷却后食用。

# 巧克力曲奇

帕特里克·格朗斯
（Patrick Gelencser）

15块

准备时间：10分钟
制作时间：12~15分钟
冷藏时间：约2小时

---

**面团** 面粉200克◆酵母2.5克◆化黄油150克◆红糖75克◆细砂糖75克◆香草荚1/2根◆细盐3克◆鸡蛋50克◆巧克力豆175克

---

### 面团

面粉和酵母倒入碗中混合。香草荚剖成两半，去子，和化黄油、红糖、细砂糖、细盐一起倒入搅拌机，搅拌至呈慕斯状。加入鸡蛋，再加入面粉和酵母的混合物，搅拌均匀。加入巧克力豆，轻轻搅拌。

将面团放入冰箱冷藏2小时左右，冷藏至面团变硬。

烤箱调至6~7挡、预热至200℃。从冰箱取出面团，分成15个约50克的圆形面团。

在烤盘里铺上烘焙纸，将圆形面团依次放入烤盘，注意每个面团之间留一定距离。用手掌轻轻将面团压扁。放入烤箱烤12~15分钟。从烤箱取出曲奇，放在烤架上。冷却后即可食用。

# 波尔多卡娜蕾

阿尔诺·马科莱
（Arnaud Marquet）

20个

提前一天准备
准备时间：15分钟（前一天）
　　　　　15分钟（当天）
制作时间：3分钟（前一天）
　　　　　45分钟（当天）

---

**卡娜蕾** 牛奶1升◆黄油50克◆香草荚1根◆面粉150克◆玉米粉70克◆细砂糖500克◆鸡蛋100克◆蛋黄100克◆朗姆酒40克◆澄清黄油或蜂蜡适量（涂抹模具）

---

## 卡娜蕾

提前一天准备。香草荚剖成两半，去子。和牛奶、黄油一起倒入平底锅加热至沸腾。关火，常温冷却。面粉、玉米粉和细砂糖倒入碗中混合均匀。将鸡蛋和蛋黄倒入另一个碗中，再加入面粉和玉米粉的混合物。缓缓倒入微微冷却的香草牛奶，并持续搅拌。

用电动搅拌器快速搅拌，然后加入朗姆酒。将卡娜蕾面糊放入冰箱冷藏至次日。

当天，从冰箱取出面糊。取出香草荚。用刷子在20个卡娜蕾模具内部均匀涂一层澄清黄油或蜂蜡。烤箱调至6~7挡、预热至190℃。将面糊倒入模具，距离边沿约5毫米的高度处。放入烤箱烤45分钟。

出炉、脱模，将卡娜蕾放在烤架上冷却15分钟，即可食用。

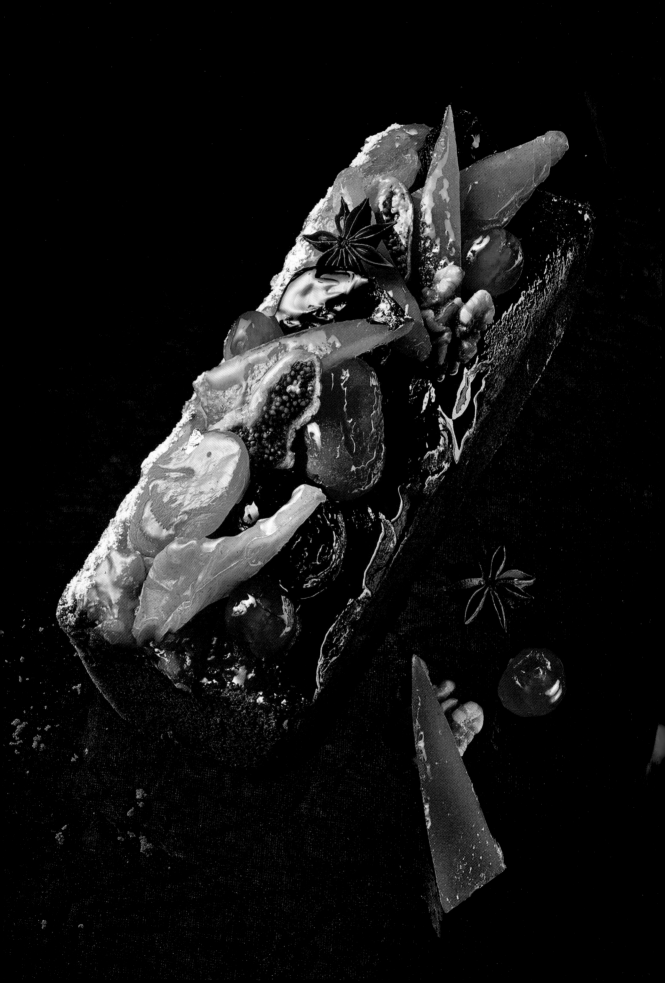

# 橙子干果蛋糕

| 吉林小冢 | 3个 | 提前3周准备 |
|---|---|---|
| （Yoshinari Otsuka） | | 准备时间：20分钟（3周前） |
| | | 30分钟（当天） |
| | | 制作时间：55分钟 |
| | | 浸渍时间：3周 |

**浸渍水果干** 梨干110克◆无花果干60克◆李子干70克◆杏干35克◆糖渍樱桃35克◆糖渍橙子40克◆葡萄干85克◆茴香粉3克◆丁香粉0.5克◆肉豆蔻粉0.5克◆桂皮粉3克◆樱桃酒18克◆柠檬汁5克◆浓缩橙汁5克 **浸渍糖浆** 细砂糖35克◆水100克◆柑曼怡力娇酒100克 **蛋糕坯** 化黄油300克◆细砂糖175克◆鸡蛋200克◆面粉315克◆蜂蜜25克◆葡萄糖15克◆浓缩橙子果肉25克◆酵母8克 **收尾** 橙子果酱适量◆糖渍果干适量

### 浸渍水果干

提前3周准备。水果干洗净、泡发后沥干水分。将梨干和无花果干切成8~10毫米见方的块，橙子切成5毫米见方的块，李子和杏切成3块，樱桃切成两半。

将切好的水果干倒入碗中混合均匀。

将茴香粉、丁香粉、肉豆蔻粉、桂皮粉、樱桃酒、柠檬汁和浓缩橙汁倒入另一碗中。拌匀后，倒入水果干中，搅拌均匀。常温浸渍3周。

### 浸渍糖浆

将水和细砂糖倒入平底锅加热至沸腾，熬成糖浆后，倒入碗中。冷却后加入柑曼怡力娇酒。

### 蛋糕坯

将化黄油和细砂糖倒入搅拌机拌匀。加入鸡蛋，再分2次加入面粉。中速搅拌3分钟，搅拌至面糊发白起泡。加入蜂蜜和浓缩橙子果肉，低速搅拌均匀。再加入备用的浸渍水果干。

烤箱调至6挡、预热至180℃。准备3个长21厘米、宽8厘米、高6厘米的蛋糕模具，模具内铺烘焙纸。将搅拌均匀的蛋糕糊倒入模具。放入烤箱烤50分钟。

### 收尾

出炉，立刻在每个模具中倒入15克浸渍糖浆。脱模，将蛋糕放在烤架上。冷却后，在蛋糕表面浇一层橙子果酱。再放入适量糖渍果干装饰，即可食用。

# 里昂油炸糖饼

让·保尔·皮尼奥
（Jean-Paul Pignol）

10人份

提前一天准备
准备时间：10分钟（前一天）
　　　　　25分钟（当天）
制作时间：4~5分钟（每轮）
冷藏时间：12小时

---

**糖糕面团** 冷冻黄油250克◆面粉1千克+适量（用于工作台）◆柠檬皮100克（1个黄柠檬）◆鸡蛋300克◆水100克◆细砂糖50克◆酵母15克◆橙花60克◆细盐15克◆混合油（葵花子油、菜子油、葡萄子油）

---

## 糖糕面团

提前一天，将冷冻黄油切成小块。将面粉过筛。

将黄油块和过筛的面粉倒入搅拌机，搅拌至细沙状。加入鸡蛋、水、细砂糖、酵母、橙花、柠檬皮和细盐，继续搅拌至面团开始黏壁。将面团放入碗中，用保鲜膜封口。放入冰箱冷藏至次日。

当天，从冰箱中取出面团，平均分成几份。在撒有面粉的工作台上，将第一份面团擀成6毫米厚的薄片。根据个人喜好，将面团擀成正方形或长方形或其他形状。

锅内倒入混合油，加热至175℃。依次将擀好的面饼放入油锅，用漏勺翻转，炸至两面金黄。用漏勺捞出糖饼，沥油，放在吸油纸上。

## 收尾

糖饼冷却后，撒上适量过筛的糖粉，即可食用。

# 朗姆栗子蛋糕

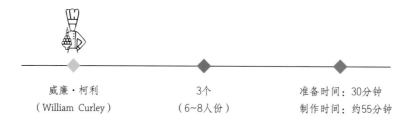

威廉·柯利　　　　3个　　　　准备时间：30分钟
（William Curley）　　（6~8人份）　　制作时间：约55分钟

---

**朗姆糖浆** 水225克◆细砂糖190克+适量（和香草搭配）◆香草荚1根◆朗姆酒100克 **蛋糕坯** 黄油180克 ◆面粉24克+适量（用于模具）◆玉米粉54克◆酵母3克◆杏仁粉150克◆榛子粉110克◆细砂糖180克◆鸡 蛋260克◆冷冻板栗碎220克◆朗姆酒20克 **收尾** 榛子15颗◆黄杏果酱适量◆冷冻板栗9颗

---

### 朗姆糖浆

　　香草荚剖成两半，去子。和水、细砂糖一 起放入平底锅加热至沸腾。关火，常温冷却 后，加入朗姆酒。取出香草荚，切成细条。在 工作台撒适量细砂糖，将香草条放在细砂糖上 滚动，常温条件下放置干燥。

### 蛋糕坯

　　烤箱调至5~6挡、预热至170℃。小火将 黄油化开。面粉、玉米粉和酵母过筛，倒入碗 中。将杏仁粉、榛子粉、细砂糖和鸡蛋倒入搅 拌机，搅拌10分钟。缓缓加入面粉及玉米粉的 混合物，搅拌均匀。加入冷冻板栗碎和朗姆 酒，再次搅拌。最后加入化黄油。

　　准备5个长23厘米、宽6厘米、高3.5厘米

的蛋糕模具。用刷子在模具内刷一层黄油， 然后撒入适量面粉。将模具倒置，去除多余 面粉。将蛋糕糊倒入裱花袋，均匀挤入5个模 具。放入烤箱烤30~35分钟。出炉，蛋糕脱模 后放在烤盘内的烤架上。将热蛋糕依次浸入朗 姆糖浆，再放回烤架冷却。

### 收尾

　　将烤箱温度调至5挡、预热至150℃。将榛 子倒入烤盘，放入烤箱烤15分钟，其间翻转几 次。从烤箱取出烤榛子，冷却后切成两半。

　　将黄杏果酱微微加热，倒入细筛过滤。用 刷子将果酱均匀涂在冷却的蛋糕上。

　　将冷冻板栗切成两半，放在蛋糕上装饰。

　　将烤好的榛子放在蛋糕上装饰。即可食用。

# 巴斯克蛋糕

莱昂内尔·罗欧
（Lionel Raux）

6人份

提前一天准备
准备时间：15分钟（前一天）
　　　　　　15分钟（当天）
制作时间：约8分钟（前一天）
　　　　　　45分钟（当天）
冷藏时间：12小时

---

**蛋糕胚** 化黄油160克+15克（涂抹模具）◆细砂糖85克◆红糖125克◆细盐1小撮◆杏仁粉70克◆鸡蛋50克
+1个（涂抹蛋糕表面）◆面粉230克+30克（用于蒸笼布、工作台和模具）◆酵母6克 **蛋奶酱** 面粉60克◆
全脂牛奶380克◆香草荚1根◆鸡蛋60克◆细砂糖100克◆朗姆酒20克

---

## 蛋糕坯

提前一天准备。将化黄油、细砂糖、红糖、杏仁粉和细盐倒入碗中，用木勺搅拌均匀。加入鸡蛋。再倒入过筛的面粉和酵母。继续搅拌，直到面团开始变得黏手。将面团揉成圆球，用撒有适量面粉的笼布包裹。放入冰箱冷藏至次日。

## 蛋奶酱

将面粉过筛。香草荚剖成两半，和全脂牛奶一起倒入平底锅煮沸。鸡蛋和细砂糖倒入碗中搅拌，再加入面粉。将香草荚从平底锅取出。将热牛奶缓缓倒入面粉中，搅拌均匀。再将蛋奶倒回平底锅，持续搅拌，小火加热至沸腾后，继续煮3分钟。关火，移开平底锅。加入朗姆酒。常温冷却，并不时地进行搅拌。冷却后，用保鲜膜封口，将蛋奶酱放入冰箱冷藏至次日。

用刷子在直径28厘米的圆形蛋糕模内刷一层黄油。再撒入适量面粉。将蛋糕模倒置，去除多余面粉。

从冰箱取出前一天准备好的面团。第一步，将3/4的面团在撒有面粉的工作台上擀成直径约32厘米的饼坯。将饼坯放入蛋糕模，微微超出蛋糕模边缘。将蛋奶酱倒入模具，用抹刀将表面抹平。第二步，将剩余1/4面团擀成直径约30厘米的饼坯，放在蛋奶酱上。用手指将两张饼坯边缘捏紧，然后用擀面杖去除模具外多余面饼。将鸡蛋倒入碗中打散，用刷子将蛋液均匀涂在饼坯表面。用叉子背部在饼坯边缘画出线条，再在饼坯中心画出菱形图案。放入烤箱烤45分钟。

出炉，蛋糕在模具中冷却。冷却后，将烤架放在模具上。翻转烤架，脱模。再将餐盘放在蛋糕上，翻转蛋糕，即可食用。

# 萨塞克斯池塘布丁

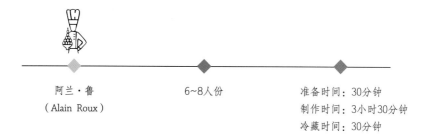

| 阿兰·鲁<br>（Alain Roux） | 6~8人份 | 准备时间：30分钟<br>制作时间：3小时30分钟<br>冷藏时间：30分钟 |
|---|---|---|

**布丁** 细皮大柠檬1个◆面粉500克+适量（用于工作台）◆酵母30克◆牛油250克◆蔗糖250克◆黄油250克+适量（涂抹模具）◆水140克◆牛奶140克◆细盐1小撮

## 布丁

用叉子在细皮柠檬表面扎10余个小孔。将柠檬放入平底锅，倒入冷水没过柠檬，加热至沸腾。关火，将柠檬继续浸泡在水中，冷却后取出沥干。将面粉、酵母和牛油倒入碗中，用手指搅拌均匀。加入水、牛奶、细盐，将面团搅拌至均匀、半柔软状态。用笼布盖住碗口，放入冰箱冷藏30分钟。

用刷子在直径17厘米、容量为1升的布丁模具内轻轻刷一层黄油。

从冰箱取出面团。将1/3面团在撒有面粉的工作台上擀成1厘米厚的圆形面饼。将面饼放入模具，贴紧模具底部和侧壁。面饼微微高出模具边缘。

将蔗糖碾成细小颗粒。黄油切成小块，和蔗糖一起倒入碗中，用手指轻轻搅拌。将蔗糖和黄油的混合物倒入模具。再放入沥干的柠檬。将剩余面团擀成直径18厘米的圆形面饼，盖在模具上。用拇指和食指将两张面饼边缘捏紧。面饼表面铺一张烘焙纸，将烘焙纸边缘向下折叠，裹住整个面饼。在烘焙纸表面铺一张铝箔，裹住烘焙纸。用厨房专用细线围绕烘焙纸和铝箔，扎紧模具口。

在深口平底锅（约15厘米高）底部铺1张厨房烘焙纸。将模具放入平底锅，加沸水至平底锅1/2高度处。盖上锅盖，小火加热，保持100℃蒸3小时30分钟。其间加几次沸水，使平底锅内水的高度始终保持在平底锅1/2高度处。关火，从平底锅内取出模具。揭掉烘焙纸和铝箔，将布丁放入餐盘，趁热食用。

# 栗子蛋糕

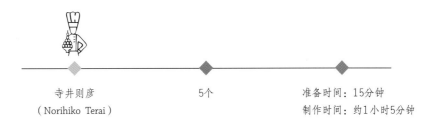

寺井则彦
（Norihiko Terai）

5个

准备时间：15分钟
制作时间：约1小时5分钟

---

**蛋糕坯** 黄油190克+适量（涂抹模具）◆栗子酱450克◆鸡蛋185克◆细砂糖200克◆杏仁粉250克◆牛奶50克◆淡奶油50克◆板栗碎300克◆面粉适量（撒入模具）**淋面** 水100克◆细砂糖135克◆糖粉350克 **收尾** 冷冻板栗25颗

---

## 蛋糕坯

　　烤箱调至6挡、预热至180℃。将黄油和栗子酱倒入搅拌机搅拌至奶油状。将鸡蛋和细砂糖倒入碗中搅拌至起泡，倒入栗子酱中。加入杏仁粉，搅拌均匀。

　　将牛奶和淡奶油煮沸，倒入搅拌机中。搅拌均匀后，加入板栗碎，用橡皮刮刀轻轻搅拌。用刷子在5个长22厘米、宽4厘米、高4厘米的蛋糕模内涂一层黄油。撒入适量面粉，将模具倒置，倒掉多余面粉。将搅拌均匀的蛋糕糊倒入裱花袋，挤入模具内。放入烤箱烤1小时。

## 淋面

　　将水和细砂糖倒入平底锅煮沸。关火，加入过筛的糖粉。

## 收尾

　　从烤箱取出蛋糕，脱模后放在烤架上。

　　将烤箱温度调高至7~8挡、预热至220℃。

　　将冷冻板栗放在蛋糕上装饰。再用刷子将热糖浆均匀地涂在蛋糕表面。放入烤箱烤20秒。取出冷却后，即可食用。

# 波拉丽昂蓝莓蛋糕

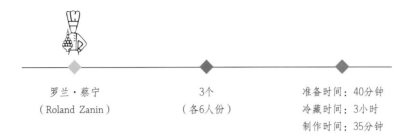

| 罗兰·蔡宁<br>（Roland Zanin） | 3个<br>（各6人份） | 准备时间：40分钟<br>冷藏时间：3小时<br>制作时间：35分钟 |
| --- | --- | --- |

---

**甜酥面团** 黄油300克+适量（涂抹模具）◆面粉500克+适量（擀面）◆糖粉190克◆杏仁粉65克◆鸡蛋100克 **夹心** 杏仁含量为70%的杏仁酱150克◆蛋黄106克◆黄油150克+适量（涂抹模具）◆细盐6克◆柠檬皮1个（柠檬）◆香草糖12克◆蛋白185克◆细砂糖150克◆面粉185克+适量（涂抹台面）◆酵母3.5克◆新鲜蓝莓450克 **收尾** 糖粉

---

## 甜酥面团

将黄油和面粉倒入碗中，用手指搅拌至沙粒状。加入糖粉、杏仁粉和鸡蛋，搅拌成光滑的面团。将面团平均分成3份，裹上保鲜膜，放入冰箱冷藏3小时。

## 夹心

将杏仁酱和蛋黄倒入台式搅拌机，搅拌均匀。加入切块的黄油、细盐、柠檬皮和香草糖，再次搅拌均匀。缓缓将细砂糖加入蛋白，打发至湿性发泡。将搅拌碗从搅拌机取出。用刮刀分2次将打发蛋白倒入搅拌碗，再加入面粉和酵母，轻轻搅拌均匀。将杏仁夹心酱倒入套有9号裱花嘴的裱花袋中。用刷子在3个直径16厘米、高4.5厘米的慕斯圈内涂一层黄油。烤盘铺烘焙纸，将慕斯圈放入烤盘。从冰箱取出面团。在撒有面粉的工作台上，将第1份面团擀成2.5毫米厚的饼坯。将饼坯放入慕斯圈，去掉多余的部分。用同样的方法将另外2份面团分别放入2个慕斯圈。

烤箱调至5~6挡、预热至160℃。

用裱花袋在每个慕斯圈内挤入100克杏仁夹心酱，再均匀撒入70克新鲜蓝莓。再次挤入100克杏仁夹心酱，均匀撒入60克蓝莓。最后再涂一层100克杏仁夹心酱，用抹刀将表面抹平。表面均匀撒上20克蓝莓。放入烤箱烤35分钟。

## 收尾

出炉，冷却后脱模。将糖粉过筛，均匀撒在蛋糕表面。冷却后即可食用。

## 蓝莓

　　这款蛋糕是为了向我们在勃朗峰山区采摘的野生蓝莓致敬。野生蓝莓是一种晚熟的水果，生长于海拔1200~1500米的地区，每年8月中旬开始采摘。这种蓝莓味美、肉多且紧实。每年收获季我都变身这里的采摘者。像所有新鲜野生的原料一样，我们依赖于变幻莫测的大自然。

# 咕咕霍夫

蒂埃里·穆豪普特
（Thierry Mulhaupt）

6~8人份

提前一天准备
准备时间：10分钟
发酵时间（面团）：3小时
浸渍时间（葡萄）：12小时
制作时间：50~55分钟

---

**咕咕霍夫蛋糕**　面包专用酵母15克◆牛奶90克◆面粉100克+200克◆细砂糖35克◆细盐6克◆鸡蛋125克◆化黄油200克+20克（涂抹模具）◆无子葡萄干（提前一天放入樱桃酒浸泡）75克◆樱桃酒（可选，用于浸泡葡萄）适量◆杏仁20克　**收尾**　糖粉20克

---

### 咕咕霍夫蛋糕

首先准备发酵面团。将面包专用酵母碾碎，和牛奶一起倒入碗中浸泡片刻。再加入100克面粉，搅拌均匀。用湿润的厨房织布盖住碗口。25℃左右的室温下，使面团发酵1小时。

将细砂糖、细盐、鸡蛋和剩余200克面粉倒入发酵面团中，一起倒入台式搅拌机搅拌10~15分钟。加入化黄油，继续搅拌5分钟，使面团变得光滑。加入提前一天用樱桃酒浸泡、沥干的无子葡萄干，再次搅拌均匀。

将搅拌碗从搅拌机取出，用湿润的厨房织布盖住碗口。24℃左右的室温下，使面团再次发酵1小时。

将杏仁在冷水中浸泡5分钟，沥干。用刷子在直径22厘米的咕咕霍夫蛋糕模具内涂一层黄油。将杏仁均匀地放入模具。将发酵好的面团揉成光滑的圆球状，在面团中心抠一个洞，将面团放入模具，轻轻按压。24℃左右的室温下，让面团在模具中再次发酵1小时。面团体积应增大一倍。

烤箱调至6挡、预热至180℃。将面团放入烤箱烤50~55分钟。

### 收尾

出炉，迅速脱模，放在烤架上冷却。

冷却后，将糖粉过筛，均匀撒在蛋糕表面。即可食用。

## 面粉

作为开在阿尔萨斯的面包店的老板的儿子，我几乎是在面粉堆里长大的！在面粉和其他优质原料的选择上，我信任本地生产的原料。面粉质量的好坏是蛋糕成功与否的关键之一。我看中面粉的筋度和柔韧性，因此我常用的是T45面粉。面粉的筋度大小取决于面粉中蛋白质的含量。高筋面粉（如T45面粉、面包精粉等）适合制作泡芙、发酵面包、布里欧修面包等。面粉中蛋白质含量越高，面团中气体含量就越多，面包膨胀程度也就越大。低筋面粉更适合制作油酥饼、饼干和可丽饼等。

# 香料面包

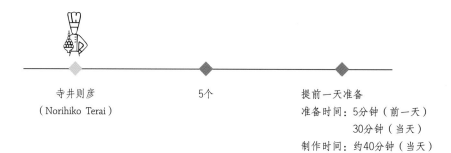

寺井则彦
（Norihiko Terai）

5个

提前一天准备
准备时间：5分钟（前一天）
　　　　　 30分钟（当天）
制作时间：约40分钟（当天）

---

**第一份面团** 面粉50克◆细砂糖7克◆水50克 **第二份面团** 鸡蛋65克◆橙皮9克（1个橙子）◆冷杉蜂蜜230克◆黄油60克+适量（涂抹模具）◆面粉120克+适量（用于模具）◆杏仁粉90克◆面包香料粉6克◆酵母12克◆牛奶40克◆糖渍橙子70克 **淋面** 水100克◆细砂糖135克◆糖粉350克 **收尾** 黄杏果酱适量◆糖渍樱桃适量◆糖渍橙子适量◆糖渍当归适量

---

## 第一份面团

提前一天准备。将面粉、细砂糖和水倒入碗中混合成均匀的面团，用厨房织布盖住碗口。面团常温发酵至次日。

## 第二份面团

当天，烤箱调至6挡、预热至180℃。

将鸡蛋、橙皮和冷杉蜂蜜倒入碗中搅拌均匀，倒入发酵好的面团中。黄油倒入平底锅，小火化开。将面粉、杏仁粉、面包香料粉和酵母过筛，倒入面团。再加入化黄油和牛奶。将糖渍橙子切成3毫米见方的小方块，倒入面团，搅拌均匀。用刷子在5个长22厘米、宽4厘米、高4厘米的蛋糕模具内涂一层黄油，再均匀撒入面粉。将模具倒置，去除多余面粉。

将面团均匀放入5个模具，然后放入烤箱烤35分钟。

## 淋面

将水和细砂糖倒入平底锅煮沸。关火，加入过筛的糖粉。

## 收尾

从烤箱取出蛋糕，脱模，放在烤架上。

烤箱温度调至8~9挡、预热至220℃。

将黄杏果酱微微加热，倒入细筛过滤。用刷子在蛋糕表面轻轻刷一层热果酱。根据个人喜好，在蛋糕表面放适量糖渍樱桃和糖渍橙子作装饰。用刷子在蛋糕表面刷一层淋面酱。放入烤箱烤20秒。出炉，冷却后即可食用。

# 玛德琳蛋糕

奥蕾里昂·特迪亚
（Aurélien Trottier）

40个

提前一天准备

准备时间：20分钟（前一天）
　　　　　15分钟（当天）
制作时间：约8分钟（前一天）
　　　　　11分钟（当天）
冷藏时间：12小时（前一天）
　　　　　1小时（当天）

---

**蛋糕面糊** 鸡蛋450克◆细砂糖490克◆香草荚1根◆面粉410克◆酵母25克◆黄油300克+50克（涂抹模具）

---

## 蛋糕面糊

提前一天准备。将香草荚剖成两半，取出香草子。将鸡蛋、细砂糖和香草子放入碗中，用隔水加热法加热至40℃。同时用电动打蛋器开始搅拌。当蛋液打发至形成纹路时，关火，将碗取出。继续搅拌至冷却。

面粉和酵母过筛，倒入打发蛋液中，用橡皮刮刀轻轻上下搅拌。黄油加热至60℃，倒入蛋糕面糊，搅拌均匀。用厨房织布盖住碗口，常温放置1小时。

用橡皮刮刀再次搅拌蛋糕面糊，然后盖上厨房织布，放入冰箱冷藏至次日。

当天，用刷子在玛德琳蛋糕模内涂一层黄油。将模具放入烤盘。烤箱调至5~6挡、预热至170℃。从冰箱取出蛋糕面糊，倒入裱花袋。用裱花袋将蛋糕糊挤入模具中，约3/4高度处。放入烤箱烤11分钟。

## 收尾

从烤箱取出蛋糕，脱模。冷却后即可食用。也可放入金属密封盒储存。

# 洛林蛋糕

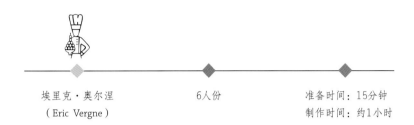

埃里克·奥尔涅
（Eric Vergne）

6人份

准备时间：15分钟
制作时间：约1小时

---

**蛋糕坯** 化黄油25克+25克+120克◆细砂糖50克+60克+60克+120克◆蛋白200克◆面粉135克 **收尾** 糖粉适量

---

## 蛋糕坯

用刷子分2次（每次使用25克）将化黄油均匀涂在直径为22厘米、高5厘米的热那亚蛋糕模具内。再将50克细砂糖均匀撒入模具底部和内壁。将模具倒置放在烘焙纸上，轻轻拍打，去除多余细砂糖，留存备用。

烤箱调至5~6挡、预热至160℃。将蛋白倒入搅拌机，缓缓加入60克细砂糖，中速打发。打发至提起搅拌机时蛋白可在搅拌头上形成尖角，再次缓缓加入60克细砂糖。将面粉和剩余120克细砂糖过筛，倒入搅拌器。再加入

剩余120克化黄油，搅拌均匀。

将蛋糕糊倒入蛋糕模，约3/4高度处。用抹刀将表面抹平，注意不要让面糊粘在模具边沿处。将备用的细砂糖撒入模具。

放入烤箱烤1小时左右。

出炉，立刻脱模，将蛋糕放在烤架上冷却。

## 收尾

待洛林蛋糕冷却后，在表面均匀撒上过筛糖粉，即可食用。

# 玫瑰饼干

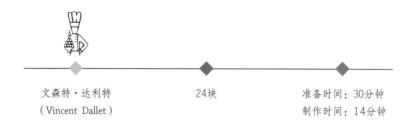

| 文森特·达利特<br>（Vincent Dallet） | 24块 | 准备时间：30分钟<br>制作时间：14分钟 |

**玫瑰饼干面团** 鸡蛋250克◆细砂糖250克◆胭脂红可食用色素5滴◆面粉240克◆酵母5克◆化黄油适量（涂抹模具）◆糖粉适量

## 玫瑰饼干面团

将鸡蛋、细砂糖和胭脂红可食用色素倒入碗中混合。将碗放入微微滚烫的热水中，隔水加热。用电动搅拌器将蛋液打发至慕斯状、具有明显纹路、体积膨胀。将碗取出，搅拌至完全冷却。

面粉和酵母过筛，缓缓倒入碗中。用橡皮刮刀轻轻搅拌均匀。

烤箱调至6挡、预热至180℃。用刷子在24个长7.5厘米、宽3.5厘米的硅胶饼干模具内涂一层化黄油。将饼干面糊均匀地倒入24个模具。糖粉过筛，撒在面糊表面。放入烤箱烤14分钟。

出炉，迅速脱模，将饼干放在烤架上冷却。冷却后请尽情享用。

## 小贴士

口感柔软细腻、不干涩是这款玫瑰饼干和其他批量生产的玫瑰饼干最大区别。若您更喜欢酥脆的口感，可将饼干放入调至3~4挡、预热至100℃的烤箱继续烤10分钟。

# 香草月牙面包

马尔科·瓦利埃
（Marco Valier）

约80个

准备时间：1小时
冷藏时间：5小时
制作时间：28分钟

---

**面团** 榛子粉100克◆面粉300克+适量（用于工作台）◆黄油250克◆细砂糖100克◆细盐2小撮 **收尾** 香草荚1根◆细砂糖200克

---

## 面团

烤箱调至5挡、预热至150℃。烤盘铺烘焙纸，倒入榛子粉。放入烤箱烤10分钟，烤至金黄，其间微微晃动烤盘几次。

黄油切块，和面粉、烤好的榛子粉、细砂糖、细盐一同倒入搅拌机，搅拌成光滑的面团。将面团揉成圆球状，然后平均分成4份。用保鲜膜包裹面团，放入冰箱冷藏5小时。烤箱调至5~6挡、预热至160℃。从冰箱取出面团，放在撒有面粉的工作台上。分别将4份面团搓成40厘米长的圆柱形面团。再用刀将圆柱形面团切成若干个长约2厘米的小面团。准备2个烤盘，铺烘焙纸。依次将小面团捏成月牙形，再放入烤盘。

放入烤箱烤18分钟。

## 收尾

香草荚剖成两半，取出香草子。将香草子和细砂糖放入电动搅拌机，搅拌成细粉。将香草糖粉均匀撒在热月牙面包上。待其冷却后即可食用。也可将香草月牙包放入密封盒，常温保存。

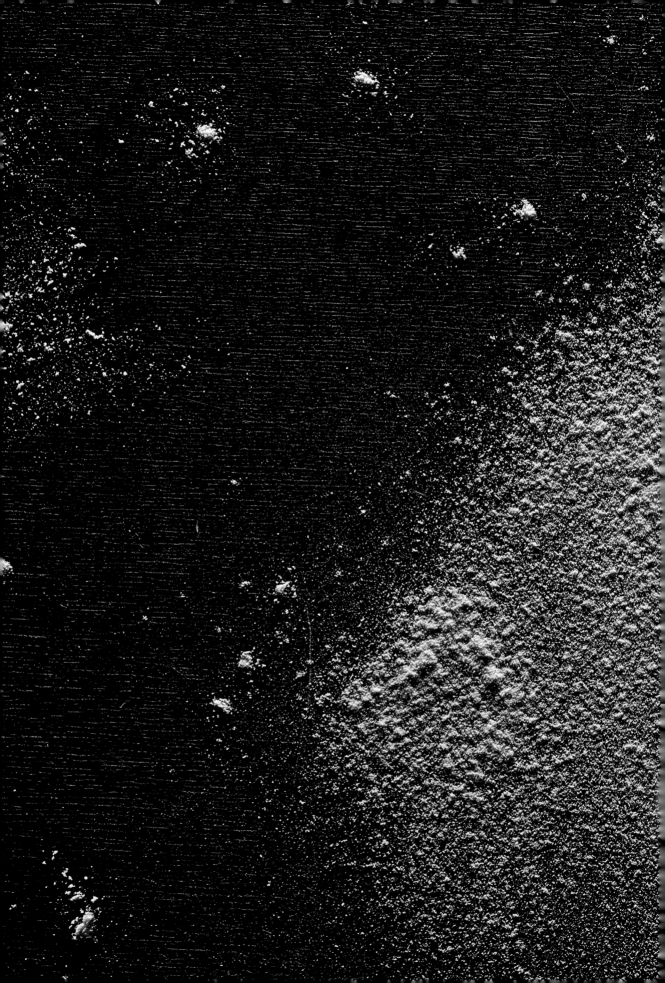

# 必备技能

INDISPENSABLES LES PRÉCISIONS

# 制作焦糖

## 1.

慢慢熬制糖浆（使用细砂糖和水，可以使细砂糖更好地溶解在水中）。当糖浆加热至沸腾时，用浸湿的刷子轻轻刷掉粘在平底锅内壁上的细砂糖，防止混入热糖浆中。否则这些细砂糖掉入热糖浆后，会形成结晶的糖块。

## 2.

糖浆第一次沸腾后，加入少量葡萄糖（在1千克细砂糖中需要加入300~400克的水和200~300克的葡萄糖）。若是过早加入葡萄糖，细砂糖的硬化程度不够，制成的焦糖会过黏。葡萄糖就像一个缓速器，可控制结晶的速度，并防止细砂糖结块。葡萄糖的加入还可以使糖浆变得厚重顺滑。

## 3.

当加热至160℃时（可使焦糖熬至金黄色的最合适温度），关火。将平底锅浸入盛有冷水的容器中。若需要颜色较深的焦糖，可继续加热，直到达到满意的颜色为止。

# 挞皮的放置和烘烤

## 1.

在撒有面粉的工作台上将面团擀开，切成比慕斯圈直径大3厘米左右的挞皮。在慕斯圈内涂一层黄油，防止挞皮粘壁。

## 2.

烤盘上铺烘焙纸，将慕斯圈放入烤盘。先将挞皮放入慕斯圈底部，然后用拇指和食指轻轻按压挞皮，使挞皮贴紧慕斯圈底部和侧壁。最后将慕斯圈边缘挞皮向外折叠，用小刀切掉慕斯圈外多余挞皮。用叉子在挞皮底部均匀扎小孔，然后放入冰箱冷藏30分钟。

## 3.

在挞皮底部铺一张铝箔。再用干豆、大米或其他适合烘烤的豆子铺满铝箔，确保侧壁的挞皮贴紧慕斯圈。放入调至5~6挡、预热至170℃的烤箱烤10分钟。取出烤盘，拿掉铝箔和干豆。若挞皮颜色偏白，放入烤箱继续烤10分钟（不需要再放铝箔和干豆），烤至挞皮呈现均匀的金黄色。

# 制作甘纳许

1.

按照食谱按量准备所需原料。淡奶油倒入平底锅加热至沸腾。巧克力放入碗中，隔水加热或用微波炉加热至化开。将热奶油分3次缓缓倒入融化的巧克力中，每次倒入淡奶油后都搅拌均匀。搅拌完成后，混合物需变得均匀顺滑，没有丝毫颗粒感。蛋黄酱也适合用这个方法进行制作。

2.

当混合物温度达到35~40℃时，加入冷黄油块。冷黄油块的加入可改变混合物的质地，使甘纳许变成奶油状。

3.

为达到最佳效果，请使用电动搅拌机进行搅拌。

# 制作柠檬酱

## 1.

用小型细孔刨刀将柠檬皮擦成细丝，倒入盛有细砂糖的碗中。用手轻轻揉搓细砂糖，使柠檬的香气慢慢渗入细砂糖中。

## 2.

将鸡蛋、果汁混合物和柠檬皮、细砂糖混合物一起倒入平底锅，用小火加热，不断搅拌（搅拌过程中，要确保搅拌器充分接触柠檬酱，避免平底锅底部和侧壁的柠檬酱粘锅烤焦）。持续搅拌至柠檬酱沸腾2分钟。当柠檬酱温度达到60℃时，鸡蛋会开始慢慢凝固。随着温度的升高，柠檬酱的质地会变得越来越黏稠。一旦柠檬酱沸腾后，调整火力大小，使柠檬酱保持在85℃。

## 3.

将柠檬酱倒入不锈钢盆。再将探针式测温计插入柠檬酱中。一旦柠檬酱温度降至50℃，加入化黄油。用电动搅拌器搅拌10分钟左右，使柠檬酱变得浓稠顺滑。用保鲜膜封住碗口，放入冰箱冷藏24小时，使柠檬酱质地变得稳定。

将柠檬酱倒入挞皮底部后，立刻用刮刀将柠檬酱铺开，使中间略高于四周，形成穹顶形（如图所示）。

最后就能得到一个美味、松软的柠檬挞！

# 制作英式香草蛋奶酱

## 1.

**搅拌方式**（如左图）：用刮刀画"8"字形搅拌备好的蛋黄牛奶和香草细砂糖鸡蛋的混合物。取出刮刀，将手指垂直放入蛋奶酱中，检查蛋奶酱是否煮熟。若蛋奶酱在手指不流动且能留下痕迹，表示蛋奶酱已经煮熟。

**食品温度计的使用：**一边加热，一边用搅拌器搅拌，直到混合物达到80~85℃。混合物中蛋黄含量越多，需要加热时间就越短。需用温火持续慢煮。

## 2.

关火，迅速将蛋奶酱过滤倒入不锈钢盆。过滤掉香草荚和蛋黄凝块（过熟的蛋黄）后，将不锈钢盆浸入盛有冷水的容器中，使蛋奶酱快速冷却。

## 3.

略微煮久的蛋奶酱会形成少许结块。若需要，可在蛋奶酱冷却前，用电动搅拌器搅拌至顺滑。

# 制作泡芙

## 1.

为使泡芙面糊光滑且有光泽（食谱见第16页），将面粉过筛，一次性倒入煮沸的混合物中。不断搅拌使混合物形成粉浆。加入打散的鸡蛋，使混合物更好、更快地融合，从而达到最佳质地。根据所选用的面粉的种类，调整加入鸡蛋的数量。搅拌完成后，用勺子舀起泡芙面糊，面糊落下时应形成光滑的尖角，不会断裂。

## 2.

为防止烘焙纸在烘烤过程中翘起，可用少量面糊将烘焙纸四个角粘在烤盘上。如果您习惯用右手，用左手手指抓住裱花嘴来保持均衡。这样有助于右手保持稳定，在烘焙纸上挤出大小均匀的泡芙。每个泡芙间需留有同等的距离。每次挤出面糊收尾时，右手停止挤压裱花袋并画逗号状收尾。

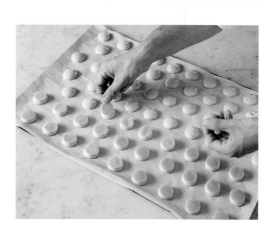

## 3.

为使泡芙口感顺滑松脆，可在泡芙面糊上放一片同等大小的酥皮。将甜酥面团夹在两张烘焙纸之间，尽可能擀成薄片，放入冰箱冷冻后切成与泡芙同等大小的圆形酥皮。

# 打发蛋白

**1.**

由于油脂物会影响蛋白的打发，因此在分离蛋白、蛋黄时，请确保去除全部蛋黄。将蛋白倒入搅拌机，持续低速打发，最后快速打发数秒后停止。打发过程中，蛋白中的蛋白质分子不断分离出来，将空气封闭在蛋白中。这也就是为什么一旦停止打发，空气逸出，打发的蛋白便会回落。这个阶段，将蛋白打发至慕斯状。

**2.**

提起搅拌机，可看到蛋白形成明显波浪状纹路。

**3.**

将细砂糖一次性倒入蛋白中，持续匀速搅拌。若过早加入细砂糖，打发的蛋白缺乏韧性，过于松软。加入细砂糖后，继续搅拌数秒。蛋白打发至提起可形成尖角（见右图）。打发后的蛋白请立即使用，可用于制作糕点（达克瓦兹、杏仁蛋糕等）、慕斯、浮岛蛋糕等。

# 制作蛋白霜

**1.**

**法式蛋白霜：** 蛋白打发后，立即一次性倒入糖粉，并用橡皮刮刀上下搅拌。糖粉（过筛去除结块）可以更快地融化，也会使蛋白霜口感更加柔软细腻。蛋白霜制作完成后，请立即使用。可用于装饰或制作烤蛋白、夹心蛋糕等。

**2.**

**瑞士蛋白霜：** 将台式搅拌机的搅拌碗用隔水加热法加热。持续匀速搅拌蛋白和细砂糖至60℃。此时蛋白霜开始凝固且变得黏稠。将搅拌碗取出，中速搅拌至提起蛋白形成尖角。蛋白霜制作完成后，立即倒入其他混合物（如水果慕斯）中进行下一步操作。

**3.**

**意式蛋白霜：** 将121℃的糖浆（用水和细砂糖熬制而成）缓缓倒入打发至慕斯状的蛋白中，持续搅拌。搅拌至提起蛋白形成尖角。立即倒入其他混合物（如马卡龙等）中进行下一步操作。

# 制作马卡龙酥饼

## 1.

完成意式蛋白霜的制作（具体做法见第35页和第304页）。将50℃的蛋白霜与等量糖粉杏仁粉混合物，倒入未打发的蛋白中，轻轻搅拌均匀。热的蛋白霜十分柔软，因此可以更快地混合均匀。用手触碰搅拌碗，不烫的时候，便可停止搅拌。

## 2.

检查面糊状态。快速抖动面糊时，面糊应形成缎带状。不要过度搅拌，这样做出来的马卡龙才是圆润、光滑的。若过多搅拌导致质地太稀，面糊便不能很好地粘在烤盘内的烘焙纸上（面糊容易流动，容易导致马卡龙形成椭圆形或其他不规则形状）。

## 3.

用手触碰烤盘内的马卡龙面糊：当达到不粘手的状态即可。热蛋白霜的加入使马卡龙表面更快地干燥。将马卡龙面糊静置20分钟后，放入烤箱。

# 制作淋面

### 1.

优质的甘纳许应当具有很好的流动性，温热、顺滑没有气泡。将甜点放在烤架上，用长柄大汤匙将淋面酱浇在甜点顶部中心位置。甜点需要事先冷冻，这样在低温的作用下，淋面酱可以快速凝固定型。

### 2.

用曲柄抹刀将淋面酱抹平，抹成薄薄一层。如此可以降低甜品的甜度。淋面酱的作用是使成品更加美观，但不会改变甜品的口味。

### 3.

用曲柄抹刀刮掉甜品底部多余凝固的淋面酱。

若是小型蛋糕（如右图）：将刀尖插入冷冻蛋糕，然后将蛋糕浸入淋面酱中。取出后，置于边沿处轻轻抖动，将蛋糕放在烤架上。这个方法快速有效，并且可以避免浪费。

# 调温

调温可稳定巧克力内部可可脂内晶体的状态，使巧克力表面更有光泽、质地更脆、更容易脱模。不同类型巧克力在各个温度区间进行调温时所形成的曲线也不同。在T1温度区间进行融化，然后冷却至T2温度区间，最后稳定在T3温度区间，即最适宜进行后续操作的温度。

**黑巧克力：** T1 50~55℃，T2 28~29℃，T3 31~32℃
**白巧克力：** T1 45~50℃，T2 26~27℃，T3 28~29℃
**牛奶巧克力：** T1 45~50℃，T2 27~28℃，T3 29~30℃

## 1.

**大理石桌面降温法：** 巧克力用隔水加热法加热至T1温度区间，倒在大理石台面上。用抹刀将巧克力酱抹开，并不断从左至右、从上到下涂抹，直到温度降至T2温度区间。将巧克力放入盆中，用隔水加热法略微加热至T3温度区间。注意将温度保持在T3温度区间。

## 2.

**播种法：** 一种适合少量巧克力快速调温的方法。将2/3巧克力用隔水加热法加热至T1温度区间，加入剩余1/3巧克力块。用刮刀搅拌至完全化开。将巧克力温度需降至T3温度区间。

## 3.

为达到更好的装饰效果，一旦巧克力调温后，就不能再次凝固或化开。

# 打发奶油

打发奶油时，搅拌器会带入气泡，部分油脂也会结合、变硬，从而阻止空气的流出。这就是为什么需要使用脂肪含量不小于35%的奶油，并且需要刚从冰箱冷藏取出，因为奶油在低温状态下黏度比较高。如果过分搅拌，水和油脂分离，则会形成黄油。

1.

打发至这个阶段时，奶油呈慕斯状，既不过于柔软也没有开始变硬。打发至这个程度的奶油适合与水果混合，或用于制作英式蛋奶酱、巧克力慕斯等。

2.

继续打发慕斯状奶油，奶油逐渐开始成形。打发至这个状态的奶油适合制作蛋糕花环等。这个状态的奶油可以形成明显的纹路。

3.

若奶油中存在小颗粒或口感过于黏稠，可改变其浓度。在奶油中加入适量冷冻奶油，搅拌至合适质地。打发时间越长，奶油的体积回落也越多。

# 裱花

## 1.

**麦穗形裱花：**这是圣多诺黑泡芙挞（烘焙经典之作）最经典的裱花方式，因其形状像麦穗而得名。用制作圣多诺黑泡芙挞专用裱花袋，从蛋糕底部中心位置开始，自上而下挤出面糊。裱花嘴倾斜，均匀用力。一边完成后，将蛋糕转向，反方向完成另一边。以此类推。

## 2.

**花环型裱花：**保持同样力度将面糊由泡芙底部向蛋糕中心画出均匀的圆弧形，以此形成花环形。

## 3.

**"之"字形裱花：**从泡芙底部中心位置开始，自上而下，从左到右，画出均匀的"之"字。重复此动作，直至铺满表层。

## 4.

**花瓣形裱花（见右图）：**参考麦穗形裱花方式。手保持不动，转动蛋糕。保持同样的力度，从蛋糕顶部开始，画花瓣形，缓缓转动蛋糕，形成螺旋状。

# 制作榛子酱

**1.**

将水和细砂糖倒入平底锅，加热至115℃。加入烤好的榛子，快速搅拌，使榛子表面均匀地裹上一层色泽明亮的糖浆。搅拌时间越长、加热时间越长，细砂糖就越容易在榛子表面结晶成砂粒状（制作冰激凌时，我们通常会使用细砂质榛子）。

**2.**

如果继续加热，细砂糖会再次融化，形成焦糖。这样，在榛子表面就会裹上一层焦糖。细砂糖在进行步骤1的操作时已经完全融化。

**3.**

将裹有焦糖的榛子铺在烘焙纸或硅胶垫上冷却。

这些焦糖榛子（见本页第2张图）可以直接食用，也可用于装饰。碾碎后也可用于制作巴黎车轮泡芙等。

传统的榛子酱使用冷的焦糖榛子来制作：将榛子碾成粉，榛子油在此过程中会逐渐被溢出，直到碾至粗粒状。除榛子外，也可用其他干果来制作这款酱，如单一干果或混合干果（杏仁、开心果、山核桃、花生等）。

# 自制裱花袋写字

### 1.

将一张烘焙纸裁成所需大小的直角三角形（为折叠成锥形做准备）。一只手捏住三角形的直角，另一只手将烘焙纸的一个直角边卷向另一个直角边，形成圆锥体。圆锥体尖端完全闭合。将圆锥体尖部向内折叠。

### 2.

将容器中的巧克力酱倒入圆锥纸袋，填至圆锥1/2高度处。捏紧圆锥顶部边缘，向下折叠，将圆锥顶部封闭。可将装有巧克力酱的裱花袋插入盛有细砂糖的碗中，基本固定后，将双手松开。

### 3.

**手写法：** 将圆锥尖微微倾斜放在需要写字的物体上，然后轻轻按压，像用笔写字一样写出所需文字。这种方法适用于写在比较坚硬的物体表面，如巧克力块、牛轧糖、餐盘等。

**滴落法：** 将圆锥垂直放在需要写字的物体上方，然后使巧克力酱自然滴落（如左侧第2张图）。这种方法适用于不易触碰的物体表面，如淋面蛋糕等。

# 大师和他们的选择

INSTANTANÉS LES PORTRAITS

安德里亚斯·阿什利
（Andreas Acherer）
（意大利）

帕特里克·阿格莱特
（Patrick Agnellet）
（法国）

安德里亚斯·阿什利一直想重开他祖父的面包店。怀着这样的想法，他去维也纳、奥地利学习烘焙课程。九年间，他在欧洲很多烘焙坊积累了丰富经验。2007年他在意大利开了第一家自己的糕点铺，并希望自己的糕点铺使人们感受到嗅觉、味觉和视觉的完美结合。

### 为什么选择奥地利苹果卷？

作为蒂罗尔南部备受欢迎的特产，这款外形简单的甜点有很多种做法，可使用甜酥面团、千层酥皮或薄酥皮制作。制作这款苹果卷的面饼需要薄到透过它可以阅读报纸的地步！由于酥皮极其脆弱，因此需要用手背而不能使用手指来触碰。正是对优质原料的选择和对烘焙的热爱使这款甜品变得与众不同！

阿什利糕点铺
布鲁尼科、波尔扎诺、佩尔卡（意大利）
www.acherer.com

在对烘焙的热情驱使下，这位艺术家研发了许多质地和风味独特的美味佳肴。坐落于安纳西湖边那个设计大胆又精致的建筑物便是他的甜品店，在这儿，您可以探索最原始、最美妙的烘焙世界。对家乡的热爱以及被家乡美景深深吸引，帕特里克·阿格莱特以他超高的专业技能创造了很多甜品，来向家乡致敬。对安纳西人来说，这是家不得不去的甜品店。

### 为什么选择格罗斯皮龙甜点？

奥运冠军埃德加·格罗斯皮龙（Edgar Grospiron）战胜了全世界的高手。从刚刚被人认识，到取得事业的巅峰，他卓越的运动才能激励了一代人，也激励了我对美食的追求！我尝试解读他的个性，希望通过美食来更好地诠释他，也希望因此创造出更多新的产品。

帕特里克·阿格莱特甜品店
旧阿讷西、克吕萨
www.patrickagnellet.com

杰罗姆·阿拉米金
（Jérôme Allamigeon）
（法国）

丹尼尔·阿尔瓦雷斯
（Daniel Alvarez）
（西班牙）

亚历山大烘焙坊提供多种来自蒙托邦的蛋糕和巧克力。不论是经典糕点还是创意甜品，均出自这位艺术家的烘焙坊。曾在其他知名甜品店的工作经验以及在日本神户度过的三年，使他一直致力于创新甜点的口味。

**为什么选择法式柑橘甜甜圈？**
这个食谱的灵感来源于多次旅行。我在神户品尝过一种糖渍水果夹心的小蛋糕，于是有了制作法式甜甜圈的最初设想。之后在科西嘉，我品尝到了这些美味的小柑橘。但那时候我并不知道如何利用这些小柑橘去制作蛋糕。直到后来在卡庞特拉一家名叫"优渥"（Jouvaud）的蛋糕店，我学会了如何制作糖渍水果。法式甜甜圈就是这样产生的。这款甜点在口味和口感上都有所创新，并且业余烘焙爱好者也很容易制作成功。

亚历山大烘焙坊
蒙托邦
www.alexandres.fr

三十年来，达洛优甜品店（Dalua）坚持选择最优质的原料（黄油、巧克力、香草等）来制作甜点。特别是店里的招牌千层酥、牛角包和饼干，选料更为严格。在制作甜点时，丹尼尔·阿尔瓦雷斯（Daniel Alvarez）更偏爱使用地中海地区的产品，如杏仁、橙子和橄榄油。

**为什么选择谜？**
《埃尔切的秘密》是一部起源于中世纪的戏剧，每年都会上演。这款甜点不仅凝聚了我对蛋糕和巧克力的喜爱，也承载了我对柑橘和杏仁的儿时记忆。我沉迷于柑橘和杏仁的搭配，通过不同比例的搭配形成不同质地，从而创造出不同的口味。我喜欢现代、精致的美感。这款甜点的优势在于不需要过多复杂的技术便可制作成功。

达洛优甜品店
瓦伦西亚（西班牙）
www.a-dalua.com

热情
# L'ATELIER
*Passion*

青木斋
（Sadaharu Aoki）
（法国）

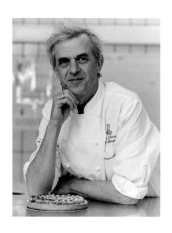

米歇尔·班瓦尔特
（Michel Bannwarth）
（法国）

青木斋（Sadaharu Aoki）被美食爱好者公认为最具法式甜品师功底的日本甜品师。他的信条为：享受烘焙带来的快乐。作为让·米勒（Jean Millet）的学生，他制作的甜品如首饰般精致，常常能够将不同味道巧妙结合在一起，着实令人钦佩。他的甜品设计简单、带有现代化的美感。同时，他还将法式经典口味与日本口味相结合，擅长以添加口味或改变结构的方式重塑经典糕点或者用最基础的原料设计出新颖独特的甜品。

### 为什么选择竹子？

这款餐后甜点是我甜品店的代表之作，已售卖15年之久。通过赋予它异国的情调，来表达我对歌剧院蛋糕的敬意。我使用抹茶（也就是我们所说的"绿茶"）和樱桃酒来替代咖啡。我的初衷是在尊重法国传统甜品的同时，使用一些我们国家特有的口味，使甜点味道更加丰富。

青木斋
巴黎、东京（日本）
www.sadaharuaoki.com

自1934年以来，三代人相继经营着雅克（Jacques）糕点店，尽力满足美食爱好者以及老顾客的需求。"创造属于美食的记忆"是每一位糕点师、巧克力师以及冷饮师的理想和追求，因此他们确保甜品店推出的产品都高质美味。对于甜品店的经典之作和创意点心，制作团队始终致力于选择最优质的原料。

### 为什么选择覆盆子挞？

在我看来，这款覆盆子挞看似制作简单，实则包含了一定的技术含量，这也是初级甜品师必备的技能基础。这款属于夏季的食谱，使用当季收获的新鲜覆盆子口感更佳。

雅克糕点店
米卢斯（Mulhouse）
www.patisserie-jacques.com

让·保罗·巴尔丹特
（Jean-Paul Bardet）
（法国）

乔尔·波德
（Joël Baud）
（法国）

让·保罗·巴尔丹特的索菲莉亚甜品店几乎囊括了所有风味的糕点、饼干、巧克力和糖果：口感酥脆的、柔软的、轻盈的等。"给生活加点糖！"是这位巧克力蛋糕师的座右铭，而他的甜点也成为维希地区美食的象征。

**为什么选择塞勒斯坦穹顶挞？**
这款甜点最初的制作灵感来源于赛勒斯坦的圆形穹顶（维希旅游的必去景点）。同时我也参考了一点当地报纸的美食专栏。这款甜点只是简单的用酥屑挞皮代替了传统的千层挞皮来实现酥脆的口感。我用焦糖做出了圆形穹顶的形状。

索菲莉亚甜品店
维希
www.le-sofilia.fr

近十年来，凭借对烘焙事业的热情、精湛的技术和持续的创造力，波德烘焙坊以其口味独特、原料新鲜享誉盛名。在尊重时节和传统艺术的前提下，乔尔·波德始终致力于寻找最优质的原料。巧克力、蛋糕、冰激凌和其他产品都严格遵循这个原则。

**为什么选择贝桑松酒渍大樱桃？**
1920年约翰勒斯·波德（Johanes Baud）已经制作了这款甜点，并申请了专利。而这款新颖的甜点也经过了时间的考验。由于这款甜点需要很长的制作时间以及复杂的手工操作，出于盈利性考虑，大部分巧克力师已经不再制作这款甜点。每年挑选新鲜、优质的大樱桃也并不是一件容易的事情。因此制作这款甜点完全是出于喜爱，只因它值得！

波德甜品店
贝桑松
www.baudbesancon.com

埃里克·鲍曼
（Eric Baumann）
（瑞士）

米歇尔·贝林
（Michel Belin）
（法国）

不论是糖果、蛋糕还是饼干，埃里克总能为客户提供多种满意的产品。团队丰富的经验和高超的技术也离不开精挑细选的新鲜优质原料。

### 为什么选择樱桃馅饼？

这款甜点将陪伴我一生。第一次尝到樱桃馅饼是在我7岁跟外公郊游的时候。馅饼里的酒精成分使我在郊游结束的时候微醺。之后我又有很多次机会品尝到樱桃馅饼，也就是我住在山区的那段时间。每次吃完奶酪火锅或者过于油腻的晚餐后，我们都会将樱桃馅饼作为餐后甜点。优质的樱桃酒入口并没有浓郁的酒精味，却能明显地品尝到樱桃的香味。

鲍曼甜品店
苏黎世（瑞士）
www.confiserie-baumann.ch

作为法国权威糕点协会（Relais Desserts）的创始成员，米歇尔·贝林喜欢这个协会的创造力以及对传统的尊重。每年他都会邀请他的客户来一场味觉盛宴，品尝新品蛋糕和巧克力。他的灵感大多来源于那些宣传奥克西坦地区文化的丰富性和独创性的各种活动。

### 为什么选择杏仁脆饼？

杏仁脆饼是我们阿勒布地区的特产，随处可见相同食谱（杏仁、砂糖、鸡蛋和面粉）制作的脆饼。这种点心能较长时间保持酥脆的口感，用于搭配冰激凌或者在工作休息时搭配咖啡再合适不过了。这些小点心为我们的生活添加了许多幸福感。

米歇尔·贝林甜品店
阿勒比（法国）；大阪、名古屋、北海道（日本）
www.michel-belin.com

维亚尼·贝朗格
（Vianney Bellanger）
（法国）

泽维尔·博格
（Xavier Berger）
（法国）

贝朗格烘焙坊首先是一个家族产业。作为一名职业化学工程师，维亚尼（雅克的儿子）却为烘焙着迷。如今，他致力于在传统和创新之间寻求平衡，将美味继续传承下去。

泽维尔是一名杰出的巧克力大师，也是知名的艺术家。顽皮、大胆、野心勃勃的他在巧克力的世界里不断地探寻和创新，每天都在谱写新的乐章。一位真正创作美食的大师！

### 为什么选择柑橘夏洛特？

这款蛋糕从我父亲的拿手作"旋转木马夏洛特蛋糕"变化而来。六年前我第一次自制了这款蛋糕，将传统和现代结合起来。柑橘总是让我回想起圣诞节，那时候父亲总是将柑橘放在桌上，说是供圣诞老人享用。当我们回头再看时，柑橘只剩下橘皮，而圣诞树下却多了圣诞礼物。多么神奇！我喜欢新鲜橘子那种独特罕见的香气。而我选择芒顿（Menton）的有机橘子是因为其色泽鲜艳、气味清香。用它和巧克力搭配，可以产生1+1>2的效果，简直就是果香和可可香的二重奏。

### 为什么选择棒棒糖？

这个食谱从我们小时候吃的传统棒棒糖演变而来。我选用越南顶级巧克力是因为它具有原始的可可香味。我曾经有幸去湄公河三角洲地区参观了这些可可豆的种植园。

泽维尔·博格甜品店
波城、塔布（法国）
www.xavier-berger.com

贝朗格烘焙坊
勒芒、图尔
www.chocolats-bellanger.com

贝尔纳·贝西
（Bernard Besse）
（法国）

鲁吉·贝斯托
（Luigi Biasetto）
（意大利）

历经四代，博乐兹·贝西巧克力甜品店（Borzeix-Besse）的产品无论从外形还是口味都堪称优选。为使店内产品更好地迎合客户的喜好，博乐兹·贝西巧克力店每年要对店内四分之三的产品进行两次重新审核，以便创造出新的口味。

### 为什么选择火山熔岩蛋糕？

这款本店最具代表性的甜品已生产了20年之久，它的名字来源于法国科雷兹省北部的蒙内迪埃尔高地的一座山峰。这座靠近我们的山上长满了野生蓝莓，我们参考它的形状将甜品做成了半球形。最后我们参考了五月份 这座火山顶的样子，在这款"蓝莓山"甜品顶部用焦糖烤蛋白覆盖。

博乐兹·贝西巧克力甜品店
特雷尼亚克
www.chocolats-borzeix-besse.com

在贝斯托甜品店，您可以品尝到最著名的七层蛋糕（Torta Setteveli）。这款蛋糕由七层巧克力制作而成。我们团队创作的这款蛋糕曾代表意大利在1997年世界甜品大赛中夺得桂冠。在妻子和哥哥的帮助下，鲁吉·贝斯托潜心钻研甜品艺术，选择最优质的原料，用心关注每一款产品生产过程中最微小的细节。

### 为什么选择提拉米苏？

从1970年起，提拉米苏便受到了全世界人民的喜爱。而此时，我们选择将这款提拉米苏献给年轻的妈妈们，愿她们可以充满能量（"提拉米苏"的意思是"打起精神"）。我喜欢这款甜品，配方简单、易于上手，却将不同的口感和味道结合在一起。因此我建议用最传统的配方来制作这款甜品。

贝斯托甜品店
帕多瓦（意大利）
www.pasticceriabiasetto.it

塞巴斯蒂安·布耶
（Sébastien bouillet）
（法国）

塞巴斯蒂安·勃罗卡
（Sébastien Brocard）
（法国）

塞巴斯蒂安·布耶是这个世界新时代的一员，他们热情、开放、充满活力。他的作品兼顾美味和美观。对设计的热爱使他不断创新，尝试不同的方向以便创造出大胆独特的产品。这已成为布耶甜品店的一大特点。在布耶甜品店的招牌中，不仅有我们熟知的"里昂马卡龙"，一种包裹着巧克力的咸黄油焦糖马卡龙，还有红唇蛋糕（一种巧克力蛋糕）等。

### 为什么选择圣多诺黑咸黄油焦糖泡芙挞？
圣诺多黑泡芙是一款经典的甜点，制作这款甜品时需要甜品师具有很高超的裱花技术。我很享受制作这款甜品的过程，并沉醉于它独特的味道和质地：松脆口感的咸酥面团、咸黄油焦糖奶酱、马达加斯加香草⋯⋯

*布耶甜品店*
*里昂、塔桑拉德米吕讷（Tassin-la-Demi-Lune）、米里贝勒（Miribel）、里约拉帕（Rillieux-La-Pape）；东京、大阪、横滨（日本）*
*www.chocolatier-bouillet.com*

作为五代美食家的继承人，塞巴斯蒂安·勃罗卡在许多比赛中都获得了佳绩。1996年荣获法国甜品大赛冠军，充分展示了他在制作美味可口的巧克力和糕点方面的卓越才能。

### 为什么选择香菜子牛轧糖？
从2001年第一家甜品店开业起，我们就开始制作牛轧糖。这是一款很经典的甜品，松脆细腻的口感、夹杂着香菜的香味。无论是年长还是年轻的美食家都很喜欢这款牛轧糖。

*勃罗卡甜品店*
*圣热尼普伊（Saint-Genis-Pouilly）、迪沃讷莱班（Divonne-les-Bains）和瓦尔图瓦里（Val Thoiry）*
*www.sebastien-brocard.com*

奥利维尔·布森
（Olivier Buisson）
（法国）

克里斯多夫·卡尔德隆
（Christophe Calderon）
（法国）

自从1992年继承这家成立于1952年的甜品店起，奥利维尔·布森始终致力于将这家甜品店的风格延续下去。从经典甜点到原创糕点，所有糕点、冰激凌、巧克力、糖果都使用优质原料现场制作完成。

### 为什么选择香草牛轧糖？

牛轧糖是一款在甜品界非常具有代表性的产品。于是我萌生出了为客户提供螺旋状牛轧糖的想法。不可否认这是一次非常成功的尝试！

蓝色蓟
圣瑞斯圣朗贝尔（Saint-Just-Saint-Rambert）
www.le-chardonbleu.com

在很多知名甜品店积累了工作经验后，克里斯多夫·卡尔德隆开了一家属于自己的、独具设计感的甜品店。随着季节的不同、灵感的变化，这家甜品店会出售一系列不同的甜品。克里斯多夫在原料的选择上非常严格，并且他偏爱简约的风格，因此他设计的甜品都很精致，并且在质地和味道上达到一种恰到好处的和谐。

### 为什么选择激情？

我很喜欢用百香果来制作甜品，因为它跟牛奶巧克力可以完美地搭配在一起。牛奶巧克力可以减少百香果本身的酸味。此外，百香果也让我想起自己的童年时光以及那些跟父母一起去旅行的美好时光。我的父母都是厨师，他们曾经带我走遍世界各地，品尝不同的美食。

卡尔德隆甜品店
圣拉菲尔（Saint-Raphaël）
www.calderon-chocolatier.com

弗雷德里克·卡塞尔
（Frédéric Cassel）
（法国）

阿莱·夏蒂埃
（Alain Chartier）
（法国）

弗雷德里克·卡塞尔甜品店具有现代风格、温馨舒适，是弗雷德里克·卡塞尔收藏精致美味的"珍宝箱"。甜品店每年两次的系列展示上，不仅有重塑的经典之作，还有出人意料的甜品，甚至有突发灵感创作出当下时节独有的美食。凭借出众的才能，2007年他获得了"年度最佳甜品师"的称号。

### 为什么选择巧克力千层酥？

作为本店的经典产品，这款加了香草的千层酥入选了"2010年度法兰西岛最佳千层酥"，这也使我们名扬日本。这款巧克力千层酥自两年前开始生产以来，它的配方每个月都会发生变化。同样的千层酥皮，却生产出不同的口味（草莓味、焦糖味等）。使用细腻的甘纳许和酥脆的可可薄片，我希望生产出这样一款易于切割、方便携带，可以随时随地享用的甜品。

弗雷德里克·卡塞尔甜品店
枫丹白露（法国）；东京（日本）；柏林（德国）；
卡萨布兰卡（摩洛哥）；突尼斯（突尼斯共和国）
www.frederic-cassel.com

阿莱·夏蒂埃是一名冰激凌师和巧克力师，2004年起定居瓦纳。2000年获得"法国优秀冰激凌大师"称号，2003年获得"冰激凌甜品大赛"冠军。他创造了一个属于冰激凌的世界，从玻璃瓶装冰激凌、各种新颖的冰淇淋餐后甜品，到具有地域风味的马卡龙（布列塔尼黄油酥饼味、布列塔尼李子果脯味、盐之花焦糖味等）、糖果和一系列巧克力甜品。

### 为什么选择草莓开心果泡芙？

甜品店出售泡芙是再正常不过的了，但这款泡芙要更特别一些，它是用本地草莓、水果雪葩、开心果冰激凌以及布列塔尼地区的奶制品制作而成。泡芙都是现场烤制，色泽金黄、口感酥脆。红色水果和开心果或者杏仁奶这样神奇的组合，会带来入口时清新感和干果略厚重的持久留香之间的反差。在我看来，制作冰激凌并不局限于制作成冰激凌甜筒；而是一种使用优质原料制作而成的艺术甜品。

阿莱·夏蒂埃甜品店
瓦纳、泰镇、洛里昂、卡尔纳克、阿尔宗
www.alainchartier.fr

威廉·柯利
（William Curley）
（英国）

作为许多烘焙大师［如皮埃尔·霍夫曼（Pierre Koffmann）、马克·皮埃尔·怀特（Marco Pierre White）、雷蒙德·布兰克（Raymond Blanc）和马克·梅罗（Marc Mereau）］的学徒，威廉·柯利（William Curley）掌握了很好的技术，擅长将不同的风味组合在一起，也因此为自己赢得了许多荣誉。他的甜品店只选择了一个意大利托斯卡纳的巧克力制造商来合作，为他提供最新鲜、最天然的原料。

### 为什么选择朗姆栗子蛋糕？

通常从甜品师的角度来看，这款蛋糕的制作过程不仅包含了法式经典手法，还深受日式甜品的影响。某次去日本旅行途中，我看到了日本人对于栗子的喜爱，也因此产生了灵感。由于这款蛋糕的配方十分简单，因此原料的质量决定了蛋糕的优劣。伦敦文化的多样性也是我创作灵感的源泉。

*威廉·柯利甜品店*
*伦敦（英国）*
www.williamcurley.com

文森特·达利特
（Vincent Dallet）
（法国）

26年以来，达利特巧克力糕点铺始终选用最优质的原料来制作口感细腻的传统巧克力甜品。文森特·达利特曾在许多知名甜品店作许多烘焙大师的学徒。由于他对甜品口味的极致追求和喜爱，他制作的甜品优质且美味。他制作的巧克力糖果为该地区的经典之作。

### 为什么选择玫瑰饼干？

17世纪90年代，香槟区的面包师充分利用面包出炉后烤箱的余温，创造出了一种特殊的面团。他们将这种面团进行第一次烘烤之后，放入尚有余温的烤箱内，直到面团干燥。法语中"饼干"（bis-cuit）一词便来源于此，意思是经过两次（bis）烘烤（cuit）。从那以后，饼干的制作方法便从未改变：毋庸置疑这是一款真正的饼干食谱。除了它来自胭脂红色素的玫瑰色外表，我也很喜欢它松软的口感，对我而言这些都是艺术创作。

*文森特·达利特巧克力糕点铺*
*兰斯、埃佩尔奈*
www.chocolat-vincentdallet.fr

达洛优甜品店
尼古拉斯·布歇
（Nicolas Boucher）
（法国）

克莱尔·达蒙
（Claire Damon）
（法国）

自1682年起，达洛优甜品店的大师们便有心将法式生活方式推广到全世界。2003年，尼古拉斯·布歇作为帕斯卡·尼奥（法国最佳手工业者奖获得者）的助手加入达洛优甜品店。达洛优团队不仅重新创作法式经典甜品，也不断创造出新的产品，给人以独特的味觉体验。

**为什么选择歌剧院蛋糕？**

歌剧院蛋糕是1995年由当时达洛优甜品店的烘焙师西里亚克·卡维龙（Cyriaque Gavillon）创造而来。西里亚克希望设计一款样式新颖、分层明显的蛋糕，使顾客在吃第一口蛋糕时，便能品尝到所有的味道：香浓馥郁的咖啡香、口感细腻的巧克力味和甜而不腻的杏仁味。为了感谢经常光顾的加尼叶歌剧院的舞蹈演员，西里亚克的妻子安德烈将这款蛋糕命名为"歌剧院"。之后，这款蛋糕的配方经过了多次改变，但唯一不变的是蛋糕最初的口味！

达洛优甜品店
巴黎、东京、名古屋、大阪、香港、迪拜、巴库
www.dalloyau.fr

克莱尔·达蒙离开自己的家乡奥弗涅，来到拉杜丽甜品店（Ladurée），跟随皮埃尔·埃尔梅（Pierre Hermé）学习烘焙。之后又先后在布里斯托酒店（Bistrol）和雅典娜酒店（Plaza Athénée）工作。2006年，她和大卫·格兰杰（David Granger）一起开了自己的糕点店。这些蛋糕如同时间的旅行者，揭露了情感的变化以及对美食永不满足的追求。

**为什么选择樱桃诱惑？**

自2012年起，这款蛋糕就成为本店的王牌产品，将传统甜品和酥挞结合在一起，在口感和口味上发生碰撞，创造出独特的味道。在时装品牌库雷热（Courrèges）的启发下，克莱尔在明亮如漆的蛋糕表面画了一些几何图案。这款蛋糕非常适合用水果来制作，因此根据季节的不同，我会常常改变这款蛋糕的配方：樱桃味、草莓味等。

糕点面包坊
巴黎
www.desgateauxetdupain.com

让·菲利普·达克斯
（Jean-Philippe Darcis）
（比利时）

杰罗姆·德·奥利维拉
（Jérôme De Oliveira）
（法国）

凭借自己出色的才能，让·菲利普·达克斯将传统和创新结合起来，创造出多种风味的精致甜品，清新的、浓郁的……从精致的糕点到香浓的巧克力，从美味的冰激凌到爽口的雪葩，这位"比利时巧克力大使"走遍世界各地的可可种植区，只为寻找最优质的原料。

### 为什么选择黑白棋？

这款蛋糕充满了我童年的回忆，让我回想起美洛蛋糕店（MeloCakes）里那些深受比利时人喜爱的小蛋糕。我们尝试了十种不同的口味（马达加斯加香草、咖啡、焦糖、覆盆子、百香果、斯派库鲁斯等）。表面包裹的巧克力、隐藏在里面的棉花糖以及酥脆的饼干都是这款蛋糕制作成功的关键。重要的是这款蛋糕可以在任何时间进行享用。

达克斯甜品店
布鲁塞尔、列日、那慕尔、韦尔维耶（比利时）
www.darcis.com

2004年毕业于法国国家高级甜点学院（École nationale supérieure de la Pâtisserie d'Yssingeaux），杰罗姆·德·奥利维拉首先在塞巴斯蒂安·布耶（Sébastien Bouillet）的甜品店开启了自己的烘焙事业。之后作为克里斯多夫·麦卡拉克（Christophe Michalak）的学徒，进入雅典娜酒店（Plaza Athénée）工作。2009年，年仅23岁的他获得了"世界甜品大赛"冠军。2011年，他开了第一家属于自己的甜品店，将自己视若珍宝的甜品展示给大众。

### 为什么选择柠檬蛋白挞？

这是我最喜欢的蛋糕！没有什么能比得上一款好的柠檬蛋白挞。制作过程中使用的柠檬来自柑橘之乡。从视觉上来看，这款甜品像是一个眨眼睛的太阳。而味觉上，挞皮带来酥脆的口感、柠檬酱带来厚重顺滑的口感。柠檬是这款甜品配方的核心，因此口感清新、色泽鲜明成了这款甜品的代名词。

直觉
戛纳、卡涅
www.patisserie-intuitions.com

阿尔蒂尔·德鲁
（Arthur De Rouw）
（荷兰）

劳伦·杜善恩
（Laurent Duchêne）
（法国）

有50年悠久历史的德鲁糕点店的精神可以用三个词来概括，那就是质量、创造和服务。在顾客满意的基础之上，不断创新！阿尔蒂尔·德鲁和他的团队共同完成的糕点配方，无论是咸的还是甜的，都充分显示了他作为烘焙师的深厚功力。此外，德鲁糕点店在创作和生产过程中始终将环保问题考虑在内。

### 为什么选择波士蛋黄酒蛋糕？
如同牛轧糖挞和香肠面包一样，这款经过精心设计和制作的波士蛋黄酒蛋糕已成为本店的招牌甜品。这种浓稠、味甜、含有酒精的鸡蛋利口酒常常被用于制作荷兰和德国的甜品。

德鲁糕点店
菲赫特（荷兰）
www.derouw.nl

"蛋糕应当是味道、情感和美观三者之间的一种激烈碰撞"，这是这位野心勃勃的烘焙师劳伦·杜善恩所信奉的信条。这个有品位的男人坚持以最严格的标准亲自挑选所需的原料，喜欢打破常规、推陈出新，在维持美味和质地之间和谐的基础上，创造出许多新颖的甜品。

### 为什么选择巧克力杏仁牛角包？
四年前，我们为参加法国巴黎国际巧克力展览会（Salon du chocolat）特意设计了这款牛角包。首先，我们选择制作巧克力牛角包。而后发现将巧克力杏仁作为这款牛角包的夹心将是很有趣的尝试，会使这款牛角包的口感变得柔软顺滑。如今，这款甜酥面包已经成为本店最畅销的产品之一。

劳伦·杜善恩甜品店
巴黎
www.laurent-duchene.com

# 交流
## L'ATELIER
### *Échange*

马克·杜可布
（Marc Ducobu）
（比利时）

帕斯卡·杜普伊
（Pascal Dupuy）
（挪威）

2003年马克·杜可布开了第一家属于自己的糕点、巧克力、冰激凌店，将自己的兴趣和才能结合在一起，尽可能为顾客提供更多优质的甜品选择。他的灵感大多来自于在国外旅行途中的所见所闻，尤其是日本，因此他不断地改变、创新店内甜品。作为比利时巧克力大师，他曾3次获得"世界西点大赛"甜品类比利时赛区冠军。他喜欢打破常规，重新创作经典甜品。

### 为什么选择苹果船？

作为塔丁苹果挞的忠实粉丝，我尝试用一种新颖的方式来重塑这款食谱。我希望通过酥屑带来更多的酥脆感，通过淡奶油来突出焦糖苹果片的香味。而这款苹果船表面由三个圆顶组成，赋予了它独特的外观。它就像禁果一样，只等着被你一口咬下去！

杜可布甜品店
滑铁卢（比利时）
www.ducobu.be

帕斯卡·杜普伊的甜品店创立于1995年，如今已成为人们必去的一个地方。这不仅仅因为他的甜品店位于挪威历史古迹区，更是因为店里的甜品深受人们喜爱。许多人认为他是典型的法式甜品艺术代言人。

### 为什么选择"热辣"？

为给巧克力系列的甜品带来新鲜的口味，我设计了这款含有辣椒的巧克力甜品。它很快便成为最受欢迎的蛋糕和饭后甜点之一。这款蛋糕由巧克力饼干、可可含量为70%的法芙娜圭亚那黑巧克力慕斯以及辣椒酱组成，最后浇上黑巧克力淋面。对于可可爱好者和喜欢刺激口感的顾客都是不容错过的选择！

帕斯卡甜品店
奥斯陆（挪威）
www.pascal.no

艾瑞克·埃斯科巴
（Éric Escobar）
（法国）

米歇尔·卡鲁耶
（Michel Galloyer）
（法国）

作为两代巧克力大师的后代，艾瑞克·埃斯科巴将自己的全部才能用于烘焙事业，尤其是致力于研究蒙特利马尔的明星产品——牛轧糖。经过甜品店的不断改良，没有人能够抵挡这款质地浓厚、入口柔软的牛轧糖的诱惑！

**为什么选择蒙特利马尔牛轧糖？**
我们的甜品店在这个牛轧糖之都已有五十年的历史，而今蒙特利马尔牛轧糖扬名世界，已经成为本店的必购单品。我喜欢这款糖果，不仅因为它的制作方法，更是因为它使用了蒙特利马尔地区最珍贵的特产——薰衣草蜜和杏仁。

埃斯科巴甜品店
蒙特利马尔
www.escobargourmandises.fr

这位环游世界的烘焙大师的人生信条是"优质、创新和交流"使他在当今国际烘焙艺术的舞台上大放光彩。他为大众提供了十余种不同的选择，比如面包、酥饼、糕点、挞和蛋糕等。他在法国权威糕点协会（Relais Desserts）工作，致力于向大众传播甜品文化。

**为什么选择黄杏千层挞？**
这款有着焦糖千层酥皮的杏挞在店里的销量每天都很好。因其酥脆的表层，这款千层挞不仅适合单独品尝，也适合作为餐后甜品，搭配醇厚或半干白葡萄酒。用喜欢这款甜品的客户的话来说，这款黄杏千层挞简直让他们欲罢不能！

巴黎谷仓
巴黎、旺夫、塞夫尔、普瓦西、特雷拉泽、阿夫里莱、昂热特里亚农、莱斯蓬特德塞、雷恩、卢瓦尔河畔圣吕克、南特、普洛尔厄尔梅、拉波勒、安纳西、鲁瓦扬、莫斯科、圣彼得堡、贝鲁特、阿斯塔纳、吉达、北京、肯尼亚等地
www.legrenierapain.com

帕特里克·格朗斯
（ Patrick Gelencsen ）
（法国）

马安利格·热昂格林
（ Maëlig Georgelin ）
（法国）

从1956年起，格朗斯甜品店的三代经营者都为大家带来了多种优质甜品。它知名的原因与甜品的品质与创作者在糕点和巧克力领域的技能及不断的创新力关系密切。若你听过帕特里克·格朗斯如何谈论巧克力，便再不会以相同的方式来品尝。他自己烘烤可可豆，达到让自己满意的程度，并称之为"黑色金子"。他制作的巧克力不仅香味浓郁，更可谓是独特的艺术品。

### 为什么选择巧克力曲奇？

由于我的妻子瓦莱丽（ Valérie ）来自美国，因此曲奇成为本店一款经典之作。这款边缘不规则的饼干在烘烤过程中散发出浓郁的香味，使我们回想起自己的童年，也让小朋友们满是期待。这款曲奇易于制作，很适合烘焙新手。简单进行上色或用巧克力豆装饰，便可作为下午茶或生日派对的甜点。分享和欢乐时，可少不了它。

帕特里克·格朗斯巧克力甜品店
永河畔拉罗什、尚托奈、沙朗等地
www.chocolats-gelencser.com

十年间，马安利格·热昂格林游历世界，在许多星级大师和法国最佳手工业者获得者身边学习，积累了丰富的烘焙经验。最终这位巧克力糕点师选择在莫尔比昂定居。2009年，他与爱人开了第一家自己的糕点店，并以自己的名字来命名（他的名字在布列塔尼语里意思是"小王子"）。丰富的旅游经历带给他很多灵感，创造出丰富多彩的新式甜品。他是《我的糕点工坊》（ Mes ateliers de pâtisserie ）一书的作者，这本书的创作灵感来源于他在埃泰的学习课程。

### 为什么选择布列塔尼千层蛋糕？

这是一款深受美食者喜爱的经典甜品。同时这也是一款布列塔尼风味的甜品，使用了咸黄油焦糖和盐之花烤苹果。您也可以根据自己的喜好，使用其他水果来制作这款甜品，比如梨、木瓜或者覆盆子。

小王子甜品店
埃泰、波德（ Baud ）、欧赖（ Auray ）、卡纳克（ Carnac-Plage ）
www.aupetitprince-etel.fr

蒂埃里·吉尔格
（Thierry Gilg）
（法国）

沃尔克·格梅纳
（Volker Gmeiner）
（德国）

作为家族第三代糕点师，在许多烘焙大师身边学习之后，蒂埃里·吉尔格在2000年继承了家族企业。人们可以在吉尔格糕点店温馨的环境中品尝到具有地区特色的糕点和独具匠心的甜品。

### 为什么选择碧玉？

这款碧玉蛋糕是我专门为加入法国权威糕点协会（Relais Desserts）而设计和制作的。自此以后，它便成了本店最受欢迎的一款甜品，而我很乐意能够跟大家分享这款甜品。

吉尔格糕点店
玛特塞勒（Muntser）、科尔马、里博维莱（Ribeauvillé）
www.patisserie-gilg.com

无论是果园的水果还是各种酒类，在这里变成了一系列的糕点和糖果，也被印上了甜品店简约精致的品牌标识。这款起源于德国黑森林地区的同名蛋糕，被沃尔克·格梅纳完美呈现。

### 为什么选择烤蛋白？

烤蛋白是德国最著名的传统美食之一。简单、轻盈，这款甜品很好地表达了我的甜品哲学。

格梅纳甜品咖啡馆
巴登-巴登、奥伯基希、奥芬堡、斯图加特、弗莱堡、法兰克福（德国）
www.chocolatier.de

弗朗索瓦·格兰杰
（Francois Granger）
（法国）

文森特·格尔兰
（Vincent Guerlais）
（法国）

在法国和韩国首尔的多家知名甜品店积累了丰富的经验之后，弗朗索瓦选择了在一个盛产美食的地方定居。他制作的蛋糕，如"爱的源泉"（Puits d'amour）在佩里格尔德（Perigord）地区享誉盛名。

**为什么选择达克瓦兹？**

随着时间的推移，无蛋白版达克瓦兹已成为甜品店的王牌产品之一。我们也为其注册了商标和样品。如今这款甜品成了本店和贝尔热拉克地区的代表性产品。这款达克瓦兹最初的食谱来源于我的烘焙师傅。这些年来，我在原料的选择上始终很严苛，对原有食谱做了少许改动。

弗朗索瓦甜品店
贝尔热拉克
www.patisserie-francois.com

文森特·格尔兰是味道的探索者。从1997年创办至今，他的甜品店就像是灵感的实验室，他也在不断地创新、探索新的口味。从传统甜品（巧克力、糖果、马卡龙、点心、蛋糕）到新颖甜点（南特夹心巧克力、唤醒味蕾、黄油小饼干等），所有甜品的味道都很好。

**为什么选择迷你马卡龙挞？**

我特别喜欢这款甜点，因此萌生了这样的想法：在同一个食谱中，将酥脆的饼皮、柔软的马卡龙和爽口的水果结合在一起，同时满足马卡龙和酥挞两种甜品的喜爱者。

文森特·格尔兰甜品店
南特、卡尔克富、埃尔德尔河畔沙佩勒（法国）
www.vincentguerlais.com

卢克·吉利特
（Luc Guillet）
（法国）

阿勒邦·古尔曼
（Alban Guilmet）
（法国）

自1962年起，吉利特甜品店便有了一个自己独特的传统，也就是拒绝在任何原料上打折扣，只注重甜品的味道。卢克·吉利特每天都用这条祖训来提醒自己，尊重烘焙艺术，创造出更多口味的甜品。

### 为什么选择迷雾森林？

这款迷雾森林在我心里是十分珍贵的，因为其中有一种来自我家乡的优质原料：核桃。我们所用的这些核桃产自自家的核桃林，位于圣约翰（Saint-Jean）和Oriol-en-Royans之间。这片核桃林由维乐克（Vercors）负责照料，因此核桃的果实特别饱满。这款蛋糕将焦糖的甜味和咖啡的苦味很好地融合在一起，成为本店的一款特色甜品。每一代甜品师都为这款蛋糕注入了新的活力，与传统、品质和"时间的沉淀"相结合。

卢克·吉利特甜品店
伊泽尔河畔罗芒、瓦朗斯
www.guillet.com

这是一个关于美食和工作的故事。年轻时的阿勒邦·古尔曼便对自己的工作充满了热情，于是他来到巴黎馥颂（Fauchon）甜品店，开始接触"顶级甜品"。之后他跟随皮埃尔·艾尔梅（Pierre Hermé）学习烘焙5年之久。出生于诺曼底地区的阿勒邦·古耶在2011年将自己第一家甜品店开在了卡昂。他希望使用最优质的原料来制作出美观、可口的甜品。

### 为什么选择诺曼底酸奶？

我希望能够使用我的家乡诺曼底地区的特产（苹果、奶油和焦糖）来制作一款甜品，将多种口味和口感结合在一起。

阿勒邦·古尔曼甜品店
卡恩
www.albanguilmet.fr

皮埃尔·伊娃·艾纳夫
（Pierre-Yves Hénaff）
（法国）

皮埃尔·埃尔梅
（Pierre Hermé）
（法国）

这是一家家族甜品店。甜品师们经验丰富且各有特点。在甜品店的橱窗内，首先映入眼帘的便是一系列巧克力制品。对于甜品的热爱以及对高品质的不断追求，巧克力大师们为人们提供了多种选择：巧克力马卡龙、巧克力块和巧克力蛋糕等。

### 为什么选择咸黄油焦糖块？

我花了很长时间来研究这款来自我家乡的甜点，期望得到完美的口感和味道。目前这款甜品已成为本店的招牌，而我们也提供多种样式来满足顾客需要：巧克力糖果、长条状巧克力块、巧克力马卡龙、巧克力蛋糕、巧克力挞皮等。我经常使用咸黄油焦糖来为其他原料增添风味，使甜品的味道更加丰富饱满。

C（巧克力甜品店）
坎佩尔、布雷斯特、吉帕瓦
www.cchocolat.com

皮埃尔·埃尔梅是阿尔萨斯省一个面包糕点店的第四代传人。他师从贾斯通·雷诺特（Gaston Lenôtre），年轻时便开始了自己的烘焙生涯。他成功的秘诀在于勇于打破常规、勇于创新。不仅在法国，他在全世界范围内的甜品店每年都源源不断地为顾客提供使人迷恋的甜品。

### 为什么选择伊斯帕罕玫瑰马卡龙？

1984年，我在品尝保加利亚美食和甜品时发现了玫瑰独特的香味。于是我设计了第一款蛋糕，叫"天堂"（le Paradis），将内敛的玫瑰香和浓烈的覆盆子味道结合在一起。1997年，我在这款配方中添加了荔枝。但无论如何，玫瑰的香味是这款甜品必不可少的味道。而当我将这三种味道（玫瑰、覆盆子和荔枝）与松软的马卡龙酥皮搭配在一起，这款招牌甜品便由此而生。

皮埃尔·埃尔梅甜品店
巴黎、尼斯、伦敦、东京、大阪、澳门、首尔、香港等地
www.pierreherme.com

让·保罗·伊万
（Jean-Paul Hévin）
（法国）

丹尼尔·于
（Daniel Hue）
（法国）

让·保罗·伊万酷爱巧克力，对他而言巧克力就是全世界。凭借艺术家的审美力，他荣获1986年"法国最佳手工业者"称号。由乔尔·卢布松（Joël Robuchon）的学徒到如今的巧克力大师，从最纯粹的配方到最复杂的搭配，他仿佛创造了一个巧克力王国。三十余种巧克力、顶级巧克力马卡龙以及其他令人无法抗拒的巧克力甜品。

### 为什么选择约会时刻？

对我而言，这款我从童年开始喜欢的甜品展示了巧克力糕点师高超的制作技艺：将酥脆的杏仁油酥面团与浓郁的黑巧克力甘纳许完美地结合在一起。这款蛋糕在入口时便会给顾客带来惊喜，这一切都源于新鲜的原料、精细的烹饪以及全部的爱。

让·保罗·伊万甜品店
巴黎（法国）；京都、札幌、东京、浦和、广岛、福冈、宫城（日本）；上海（中国）
www.jeanpaulhevin.com

作为一名糕点艺术家，丹尼尔·于尤其擅长制作精致点心、烤蛋白和油酥挞。他喜欢给顾客带来惊喜。人们光顾他的甜品店，不仅仅为了购买点心和巧克力，也是为获得一些制作蛋糕的灵感。

### 为什么选择樱桃挞？

首先这是一款家庭甜点，包含着我在祖父母家和家人、朋友分享美食的美好回忆。谁不曾在樱桃成熟的季节制作过樱桃挞？这款易于制作的蛋糕对我们而言犹如"普鲁斯特的玛德琳蛋糕"，饱含了浓浓的思乡之情。

甜蜜味道
昂古莱姆、吕埃尔（Ruelle）、苏瓦约

皮埃尔·茹文德
（Pierre Jouvaud）
（法国）

吉野吉朗
（Yoshiaki Kaneko）
（日本）

茹文德（Jouvaud）的家族成员世世代代都为糕点师。糕点是一种气味，一种香味、一点酸味和一点甜味，都会令人幸福满满；糕点店是一个充满秘密的家园，这些秘密均带着一丝甜味！让·玛丽以及皮埃尔就是通过这种方式让家族宝贵的财富永垂不朽，同时，不断向顾客推出美味绝伦且装饰华丽的蛋糕、巧克力、糖果以及蜜饯水果等。

### 为什么选择糖渍小柑橘？
蜜饯水果是普罗旺斯美食中最基本的辅料，比其他任何糖果都更为重要。除了其味道的独特性，其传统的制作工艺亦是需要人们重点关注并延续的内容，尤其是让更多的人了解传统的制作工艺。

茹文德糕点店铺
卡庞特拉（Carpentras）、阿维尼翁（Avignon）以及索尔格河畔利斯勒（Isle-sur-la-sorgue）；东京（日本）
www.patisserie-jouvaud.com

吉野吉朗在东京的雷诺特厨艺学校（Lenôtre）开始了他的职业生涯。他在法国度过几年时光，曾在大型糕点店以及巴黎的大型酒店工作，如：拉杜丽甜品店（Ladurée）或巴黎雅典娜酒店（Le Plaza Athénée）。随后，他于2003年在东京开了自己的糕点店，并于2013年在凡尔赛开店。这位日本糕点师的作品兼具现代元素以及法国糕点的基础元素。

### 为什么选择夹心饼干？
在我小的时候，欧洲糕点在日本并不著名，但是，我的父亲下班后经常在他的公司附近为我买一块蜂窝饼。它的形状精致平整、它的奶油令我深深着迷。

苏醒的巴黎
东京（日本）

雄鸡报晓
凡尔赛

川村秀树
（Hidekia Kawamura）
（日本）

约翰·劳克斯
（John Kraus）
（美国）

年轻时就已开始热衷于糕点制作的川村秀树（Hideki Kawamura）在东京的王子酒店（Prince Hôtel）学艺。他在布列塔尼度过了一年时间，目的在于提升他的技艺。他经常参加国际糕点赛事，并于1997年在法国杯糖工艺竞赛中成功夺冠。自2001年起，他在东京开了糕点店，该店在东京享誉全城。

### 为什么选择柠檬酥饼？

我在法国工作期间，我发现餐厅为顾客餐末供应的柠檬油酥饼小巧可爱，比日本的油酥饼更小，我对这款小饼干独有的香味记忆犹新，因此我通过我的方式制作了这款味道独特的饼干。

如你所愿
东京（日本）
www.atessouhaits.co.jp

约翰·劳克斯在美国盛产烟草、玉米以及富有苹果园的肯塔基州长大。他投身于权威的星级机构学习，其原因是他喜欢乡村美食。他充分利用地方特产，尤其是应季水果，以此来制作糕点。它制作的糕点造型精美且简单。

### 为什么选择轻柠檬挞？

水果的使用已是美国甜点的特色之一，尤其是在家庭制作馅饼过程中。我们制作的糕点融合欧洲和美国的制作方法，可当作主食与水果之间的甜食食用，并在其中添加一层薄薄的柠檬慕斯以及柠檬酥皮。整个糕点以柑橘为主要配料，并添加少许糖，这也是这款糕点爱好者期待的味道。我喜欢这款糕点的纹理，同时，我喜欢品尝这款糕点酸酸甜甜的味道。

46号糕点铺和玫瑰街
明尼阿波利斯（美国）
www.patisserie46.com

# 传承 L'ATELIER
*Transmission*

帕斯卡·拉克
（Pascal Lac）
（法国）

阿里诺·拉蕾
（Arnaud Lahrer）
（法国）

帕斯卡·拉克被近二十年来的尼斯美食家所熟知，同时因其摘得双奖项而闻名（四次被评为"法国最优秀的巧克力经营商"，同时被巧克力爱好者俱乐部评为"法国杰出的巧克力经营者"）。帕斯卡·拉克擅长糕点入味。无须使用特殊技巧，即可令水果味道更浓、纹理更清晰、优秀巧克力产区更规范。

### 为什么选择焦糖诱惑？

我创作这个糕点食谱是为向布达佩斯致敬。简单的味道以及纯天然的味道的结合，带有各式各样的纹理（奶油状的、松脆的以及泡沫状的纹理），并且这款秋季糕点食谱中，巧克力的味道融合了我喜欢的所有元素。

拉克糕点铺
尼斯、圣劳伦特杜瓦尔（Saint-Laurent-du-var）
www.patisseries-lac.com

阿里诺·拉蕾（Arnaud Lahrer）在蒙马特尔高地的一个古老画廊里开了他的第一个店铺。作为完美主义者，他不断提升自己的作品。他对制作方法精益求精，同时注重培养自己的创新能力，每天可提供十种口味的糕点。他敢于将味道奇特的材料与传统材料巧妙融合从而得到美味。

### 为什么选择蒙马特方包？

我曾想制作出一款能够代表蒙马特尔高地的特色糕点，以便游客能够在离开时将此作为纪念带走。

### 为什么选择朗姆酒心蛋糕？

我曾想制作出一款属于我自己的蛋糕，最重要的一点是蛋糕应该能够勾起人们的食欲，这也正是制作时的难题。我成功了，因为我制作出的蛋糕酥软且美味，无论从视觉上或是味觉上都有别于其他版本。

阿里诺·拉蕾糕点铺
巴黎
www.arnaud-larher.com

劳伦特·勒·丹尼尔
（Laurent Le Daniel）
（法国）

卢卡·马拿里
（Luca Mannpri）
（意大利）

劳伦特·勒·丹尼尔（Laurent Le Daniel）学习经历丰富，学习过程中他总是能克服所有困难。1998年，他开了属于自己的糕点铺，但这位法国优秀工人一直保留着严谨及严格的态度。他能在制作甜品及鸡尾酒的过程中，将传统与创新结合。

### 为什么选择苹果挞？

苹果挞是我们店的销量冠军，它的独特之处在于制作过程中添加了糖渍苹果，并且其面团是经过高温处理而易溶于口。馅饼成形后不再置于烤箱进行烘烤，因为构成馅饼的所有成分都已预先整形在一起。为使馅饼达到最佳状态，苹果、加盐焦糖以及面团比例应合适。每个细节都至关重要：苹果的选择、较结实的结构的选择、略带酸味的香气的确定；有关于焦糖颜色标准的确定，无论是焦糖味道方面还是焦糖结构方面的标准；恰如其分的面团的烘烤过程同样至关重要。

劳伦特·勒·丹尼尔糕点铺
雷恩
www.patisserieledaniel.fr

卢卡·马拿里（Luca Mannori）将新口味与过往经验以及他已掌握的才能相结合。他的店铺推出自创性的特色糕点，如科伦巴面包（colomba）、潘娜托尼甜面包（panettone），以及馅饼或其他传统点心。1997年，他凭借参赛作品"七层蛋糕"被评为"世界糕点冠军"，卢卡·马拿里本人也是著作《糕点爱上音乐》（Come musica）的作者，该著作被评选为"2004年世界最优秀的糕点书籍"。2016年，他又出版图书《巧克力星球》（Pianeta ciocolato）。

### 为什么选择金字塔牛角包？

这款糕点食谱同样源自我对巧克力的热情以及我对完美性以及新颖性的追求。这款糕点独一无二的金字塔外形也确定了其名称的含义，此外，这款糕点是法式维也纳甜品创新的组成部分之一。

马拿里意式糕点铺
普拉托省（意大利）
www.pasticceriamannoriprato.it
www.mannoriluca.com

阿尔诺·马科莱
（Arnaud Marquet）
（法国）

伊希尼奥·马萨里
（Iginio Massari）
（意大利）

奥尔本·马科莱（Alban Marquet）于1981年创办了糕点铺，糕点制作是这个家族四代以来一直从事的事业。阿尔诺·马科莱（Arnaud Marquet）继承父业，经营着阿尔卡雄海湾处的两家糕点店。这个家庭式的糕点店铺的创新性产品影响力很大，它与卡纳蕾蛋糕或马卡龙均可作为当地的美食名片。

### 为什么选择波尔多卡纳蕾？
我自出生即生活在糕点世界。我的祖母是波尔多卡纳蕾团体的领导人。小时候，我经常参加祖母举办的庆祝活动。我的父亲帮助我将这款可以带到船只上或海滩上的小糕点在阿尔卡雄海湾进行推广。正如卡纳蕾团体初始时邀请人们每日食用一块卡纳蕾而发出的广告：唯有山丘的红酒甚好，唯有波尔多的卡纳蕾甚好，这同时也是我认可的格言。

马科莱糕点铺
拉特斯特-德布赫区、阿尔卡雄
www.patisserie-marquet.fr

在向顾客推荐国内或世界性特产时，伊希尼奥·马萨里（Iginio Massari）展开了无国界的想象以使顾客能够在甜食世界中旅行。意大利的传统甜食代表如下：潘娜托尼、科伦巴或潘多洛，同时一系列高品质的糖果也可作为意大利甜食的代表。

### 为什么选择松露蛋糕？
这款小糕点代表着意大利的传统味道。我提出更简单、更现代的制作这款小糕点的方法。那不勒人千层酥是有关于糕点味道及结构方面的研究的象征，而这个研究也是我们糕点店铺坚持做的事情。我把这款糕点视为一款具有艺术气息的甜品。

威尼斯糕点
布雷西亚（意大利）
www.iginiomassari.it

丹尼斯·马蒂亚斯
（Denis Matyasy）
（法国）

米格尔·莫蕾诺
（Miguel Moreno）
（西班牙）

二十年以来，马蒂亚斯集多种职业及本领于一身：糕点师、饭店老板、巧克力商、糖果商以及冷饮商。无论是传统的或现代的，巧克力味的或水果味的，他推荐的甜点总是精巧且富有新意。巧克力由最好的可可产区以及精挑细选的高品质原材料制成。

### 为什么选择心醉神迷？

这款餐末甜点中不同味道完美地融合整合在一起。这是我喜欢在餐末时品尝的一款甜点，因其易消化且能使较清淡的味道更浓。甜面团的清脆口感、烤蛋白的松脆口感、香豆油的气味以及糖渍草莓的油性使这款糕点的结构极好。这就是心醉神迷。

马蒂亚斯（MATYASY）
拉克罗（La Crau）、耶尔（Hyères）、土伦（Toulon）、萨纳里（Sanary）
www.matyasy.com

"为顾客提供最好的产品"是这家店铺的经营理念。马略卡岛（Mallorca）糕点铺是马德里糕点业的一部分，因为自1931年起，人们可在这里找到值得细细品尝的菜肴以及糕点。一切都是美味的、五彩缤纷的、高质量的、杰出的且又充满了想象力。如今，马略卡岛糕点铺是欧洲糕点业以及糖果业制造商之一。

### 为什么选择松子球以及酥脆甜甜圈？

制作这两种糕点时所使用的原料均来自于我的祖国：来自卡斯提尔（Castille）的松子以及马略卡岛（Marcona）的美味杏仁。我们推出味道更清淡的西班牙传统糕点酥脆甜甜圈，是在原有制作方法的基础上加入一层薄薄的糖面，使其成为一款甜品。

马略卡岛（MARLLORCA）糕点
马德里、拉斯洛萨斯（Las Rozas）（西班牙）；
墨西哥（墨西哥）；东京（日本）
www.pasteleria-mallorca.com

达米安·穆达利耶
（Damien Moutarlier）
（瑞士）

蒂埃里·穆豪普特
（Theirry Mulhaupt）
（法国）

达米安是糕点大师吕熙安·穆达利耶（Lucien Moutarlier）的儿子，他才能出众，与他的兄弟们共同完成了这个家族企业的传承。作为从事与味道相关的手工业者以及艺术家，他使美味且美观的甜品得以发展。他所掌握的技术以及他从父亲和皮埃尔·赫尔梅这样的糕点大师身上所学到的严谨态度使他敢于将最奇特的材料结合并创造新口味。

**为什么选择黑加仑蒙布朗？**

我尤其喜欢栗子与黑加仑的组合，再加上奶油夹心烤蛋白的脆感以及马达加斯加香草尚蒂伊鲜奶油的甜味。

*穆达利安糖果-糕点铺*
*蒙特勒（Mantreux）、谢布尔（Chexbres）、吕特里（Lutry）、洛桑（Lausanne）（瑞士）*
*www.moutarlier.ch*

蒂埃里·穆豪普特（Thierry Mulhaupt）在向糕点大师们取经的同时，也在巴黎国立高等美术学院深造。他的糕点作品总是被认定为艺术杰作，其中的味道如同装饰品一样，优美且细腻。他尤其懂得将他所获得的荣誉再次体现在香料面包中，他拒绝将面包表面味道复杂化。

**为什么选择咕咕霍夫？**

我选择分享这款代表着我家乡香味的糕点食谱，并使用我自己的制作方式。在制作咕咕霍夫时，发酵速度很慢，黄油较多且糕点的烘烤须在最后时候进行。这款糕点定会使你们愉悦地享用早餐！

**为什么选择罗勒青柠挞？**

这款糕点完美地混合了不同味道，十余年以来，它已成为我们店铺的招牌。我拒绝将其制作成其他形状。这款糕点打开了进入我的美食世界的大门。

*蒂埃里·穆豪普特（THIERRY MULHAUPT）*
*斯特拉斯堡（Strasbourg）、科尔马（Colmar）*
*www.mulhaupt.fr*

杰夫·奥伯维斯
（Jeff Oberweis）
（卢森堡）

大平及川
（Taihei Oikawa）
（日本）

五十年以来，奥伯维斯（Oberweis）糕点店因优秀而著名，该店根据月份的变化，不断更新咸味以及甜味食谱，以保证每个季节都有美味供应，每个食谱都非常精致。皮特（Pit）与莫妮克（Monique）以及他们的两个儿子，汤姆（Tom）与杰夫（Jeff）共同创立的糕点铺，目前已成为卢森堡美食名片之一、宫廷糕点供应商之一。

**为什么选择卡布奇诺冰激凌挞？**

自有了制作椭圆形的糕点之后，我决定重新利用这个设计来制作加糖甜品。糖面下清脆口感以及甜品厚度的降低使人们从冰柜中取出甜品后迅速分而食之。糕点呈椭圆形状比圆形更易于分割成块。同时，这个椭圆外形可加入更具有吸引力以及活力的装饰，使馅饼在橱窗内更加炫目。我们重新使用了混合口味，该混合口味已用于我们的茶坊推出的糖面切片面包制作过程中。

奥伯维斯糕点铺
卢森堡（卢森堡）
www.oberweis.lu

大平·及川在奥伯斯维糕点铺、维尔格尼糕点铺、弗雷森糕点铺以及雅克糕点铺学习了糕点基础知识。这位在国际各大竞赛中获奖的经验丰富的手工业者在他自己的糕点铺里创造出了美味的作品，他的糕点铺位于日本横滨的一个安静且环境优美的街区。

**为什么选择坚果脆饼？**

我喜欢坚果！我喜欢坚果的味道、清脆的口感以及坚果所折射出的大地的自然香气！在意大利展出我的作品时，我发现了让我永生难忘的杏仁味道。我曾尝试着将这种令人震撼的味道融入我的糕点作品中。我对直觉的信任已有三十年。

一小包糕点铺
横滨（日本）
www.un-petit-paquet.co.jp

吉林小冢
（Yoshinari Otsuka）
（日本）

莱昂内尔·博莱
（Lionel Pellé）
（黎巴嫩）

由米歇尔·班瓦尔特（Michel Bannwarth）带领进入糕点业以及法国糕点世界的吉林·小冢（Yoshinari Otsuka）坚定了他对甜品的热情。如今，他不断追求卓越推出特色产品，也是同样的思想指导着他推出自己的糕点作品。材料的高质量一直都是他的首选，结构以及味道的完美融合是他最大的快乐。

**为什么选择橙子干果蛋糕？**

我刚开始在欧洲做美食研究时，在一本法国糕点书籍中发现一款水果蛋糕，它的美丽外表着实深深地触动了我。我在阿尔萨斯学习过干果蛋糕的传统制作方法并从中受到启发，使用香料以及樱桃酒浸泡水果。我在这款蛋糕中倾入了我对法国的敬意。

雅克糕点铺
福冈（日本）
www.jacques-fukuoka.jp

莱昂内尔·博莱（Lionel Pellé）在昂热的（Angers）的特里亚农（Trianon）待了七年，在此期间，他在米歇尔·卡鲁耶（Michel Galloyer）身边学习，也正是与这位糕点大师的合作，莱昂内尔·博莱（Lionel Pellé）与科莱特·哈达德（Colette Haddad）共同在贝鲁特开了一家法国糕点店铺。这家店铺会为顾客提供一张糕点菜单，涵盖了真正的法国糕点经典，并且每年四次更新菜单，以便最大限度地令对美食要求极高的顾客满意。

**为什么选择桂皮面包圈？**

我一直想推荐一款保持原有外形却又与众不同的奶油蛋糕，与婆婆蛋糕类似，切开时令人惊艳。我尤其希望在这款甜品以及被黎巴嫩人所钟爱的桂皮中加入芳香的甜味。

桂皮糕点
贝鲁特（黎巴嫩）
www.cannelle-patisserie.com

塞德里特·佩内特
（Cedric Pernot）
（法国）

雷纳尔德·皮特
（Reynald Petit）
（法国）

塞德里特·佩内特（Cédric Pernot）是面包师的儿子，他心思细腻且富有热情，很早就投身于糕点业，并在尚贝里（Chambéry）开了自己的面包店。自此，他投资"忠实的牧羊人面包店（Au Fidèle Berger）"，该店的创办可追溯至1832年，目前已被列为历史文物。他所制作的糕点，味道介于微酸与微甜之间，这样的味道也很快被美食鉴赏家接受。除了几款固定的特产，塞德里特·佩内特（Cédric Pernot）尤其喜欢在一年内不断创造出新的糕点食谱。

### 为什么选择早安蛋糕？

首先，这款蛋糕味道独特、形似花颈、其名意为"欢迎"来到菲律宾以及卡拉姆西，因此是名副其实的旅游邀请函。它同样代表着我喜欢的糕点，酸味与芒果甜味形成了鲜明的对比。

忠实的牧羊人面包店
尚贝里（Chambéry）
www.aufideleberger.fr

雷纳尔德·皮特（Reynald Petit）的巧克力糕点是巧克力以及糕点作品的象征。他在大型糕点店学成归来，因此懂得将较新的制作方法与精细的工艺相结合。他所使用的制作方法如今已被列入法国糕点业参考资料中。

### 为什么选择柑橘挞？

在我妻子纳蒂（Nadine）庆生之际，我想到了这款简单、美味、应季且具有节日喜庆感的甜点。多次尝试之后，我选择了制作酥脆边缘、在底部撒有柑橘类果干的方式制作这款甜点，因此，甜点内添加了橙子的香气、可口美味的饼干、可为糕点增添清凉感的水果、在味道轻淡的香草汁内浸泡后的柚子以及橘子。我最大的喜悦就是看着我的妻子品尝这款甜点时流露出满意的神情。

雷纳尔德糕点铺
弗农镇（Vernon）
www.chocorey7.com

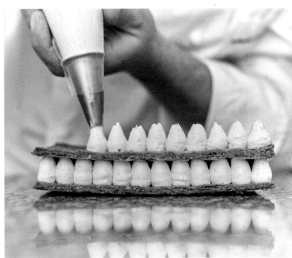

让·保尔·皮尼奥
（Jean-Paul Pignol）
（法国）

多米尼克·皮拉蒂
（Dominique Pilati）
（法国）

六十年以来，这个家庭式的店铺将手工业的高要求以及企业家的勇敢、职业的严谨性与必要的创造力结合在一起。为避免"一个企业最大的敌人"——产品的单调性，让-保尔·皮尼奥（Jean-Paul Pignol）只坚信一点：多看、多听、不断与时俱进，带着长远目标不断向前。

### 为什么选择里昂油炸糖饼？
在以前，人们总说生前光辉的里昂人在死后"灵魂会像油煎糖糕一样升入天堂"。在十六世纪，圣·皮埃尔教堂的修女们在城市中心制作这款甜点特产，使这句老话得以流传。这些油煎糖糕起初只在节日时食用，尤其是油腻星期二时食用。里昂的糕点师们都有一个仁慈的灵魂，他们继续制作这款甜点以便向他们的美食遗产致敬。

皮尼奥糕点铺
里昂（Lyon）、布里涅（Brignais）、维勒班（Villeurbanne）、埃克里（Ecully）
www.pignol.fr

一个企业拥有的贤才越多，这个企业越优秀。糕点师皮拉蒂（Pilati）在日常生活中富有热情，他很享受这样的生活激情。在这里，午餐、点心、美食鉴赏、精细的巧克力或美食杰作，例如"克拉克点心"（由拼盘以及糖衣干果组成）：一切都甚是迷人。带咸味的食谱与带甜味的食谱在味道方面相互竞争。

### 为什么选择草莓挞？
这款介于点心和甜点之间的糕点奶油味的可口杏仁饼干食谱是传统草莓派的延续。为满足顾客对于水果糕点的需求，我们已在十来年前制作出了水果糕点。制作这款水果糕点的方法并不复杂：我在教授糕点课程时尝试了制作方法。这款草莓派只在法国草莓当季推出，但是它的成功让我想在更大范围内推广它。

皮拉蒂糕点铺
罗阿讷（Roanne）

米歇尔·鲍狄埃
（Michel Pottier）
（法国）

伯纳德·普罗特
（Bernard Proot）
（比利时）

格朗丹（Grandin）糕点铺开设于1822年，有着忠实的粉丝。整年内，糕点、马卡龙、糖果等等总能让最挑剔的客户满意。冬天来临，巧克力千层酥大卖，继而异域水果以及香草奶油慕斯大受欢迎。

**为什么选择巴黎车轮泡芙？**
巴黎车轮泡芙发明于伊夫林省（Yvelines），是一款经典且永不过时的糕点。加菜面团以及糖煮杏仁奶油成为制作这款糕点不变的材料。我重新更改了这个标准，在制作时添加了香草慕斯奶油以及应季水果（夏季的草莓或覆盆子），但保留了原有的形状以及结构。

格朗丹糕点铺
圣日耳曼昂莱（Gaint-Germain-en-Laye）
www.patisserie-grandin.fr

在德尔蕾（Del Rey）糕点铺，伯纳德·普罗特（Bernard Proot）以及他的团队致力于用轮廓清晰且具有现代美感的糕点作品带给人们惊喜，这些糕点作品的纹理以及味道符合传统糕点的标准。巧克力糖果是这个糕点铺的特产之一。

**为什么选择甜橙挞？**
我选择这款糕点，是因为我喜欢奶油度思（Dulcey）的甜味与橙子的酸味之间的鲜明对比。同时，我喜欢这款糕点所带的纹理的与众不同之处，与奶油、饼干以及比利时香料饼干的香脆口感均有不同。

德尔蕾糕点铺
安特卫普（比利时）、东京（日本）
www.delrey.be

莱昂内尔·罗欧
（Lionel Raux）
（法国）

让·米歇尔·雷诺
（Jean-Michel Raynaud）
（澳大利亚）

莱昂内尔·罗欧（Lionel Raux）制作的巴斯克糕点装饰有樱桃、香草奶油或巧克力奶油，以便能够与巴约讷（Bayonne）的巧克力相结合。随着季节变换，莱昂内尔与他的团队在日常工作中有着明确的目标，即味道、真实感以及天然口味融入他们的甜品以及咸味糕点中。

### 为什么选择巴斯克蛋糕？

这款糕点是我们国家的特产，其制作方法也是我所喜爱的。在巴斯克国，这款糕点是戒掉奶瓶后吃的第一个主食，同时也是我们店铺销售最好的糕点。我曾花一年时间来寻求让各种糕点的销售达到平衡的方法。但是在我们国家，不售卖这款糕点是难以想象的一件事：这款糕点类似于我们的"通行证"，顾客也是通过它来检验糕点店铺的品质。我在其中加入大量的奶油，这样它的外表就会更金黄香脆、内馅也会更美味。

罗欧糕点铺
巴约讷（Bayonne）
www.patisserieraux.fr

让·米歇尔·雷诺（Jean-Michel Raynaud）15岁在马赛开始了他的职业生涯，在罗伯特·斯基基（Robert Schicchi）身边学习。在一些糕点大师身边以及星级饭店内工作后，他选择出发探索新起点，并于1988年在澳大利亚定居。在今天看来，他的糕点作品打破各国之间制作方法差异的界限并将澳大利亚丛林以及南太平洋的复杂味道与法式糕点经典艺术相结合。

### 为什么选择桑葚蛋糕？

店铺的这款新品糕点将松脆可口的布朗尼巧克力与以桑葚和榛子酱融合在一起。我总是喜欢天然的味道及纹理。因此，我选择将两种口味混合在一起，同时具有浓烈的口味以及细腻的口感（巧克力以及桑葚），并且与奶油甜味以及酸味剂混合在一起，奶油甜味可使糕点味道清新，酸味剂可使水果味道更浓并且能降低这道甜品的甜度。

复兴糕点铺
悉尼（澳大利亚）
www.larenaissance.com.au

丹尼尔·雷伯特
（Daniel Rebert）
（法国）

罗伯托·里纳尔迪尼
（Roberto Rinaldini）
（意大利）

象征着两种文化完美融合的丹尼尔·雷伯特（Daniel Rebert）在其制作糕点的过程中将他在他所居住地区的所见所闻与莱茵河畔的景致融合在一起。正因如此，冷杉蜂蜜比香料面包特色更加突出：油酥饼面团以及果泥的混合配料桂尖使木瓜味道更细腻。

### 为什么选择黑森林？

在如何选择最传统的糕点食谱时，我听取了来自我们邻居的意见（我们曾一同居住在莱茵河畔）。我将这款甜品升级，在其中添加了个人比较喜爱的以及法式口味，但同时，我更注重这款糕点造型的美观性，并突出的它的独特口味以及独创性。

丹尼尔·雷伯特（DANIEL REBERT）
维桑堡（法国）、曼海姆城市恩格尔霍恩镇（德国）
www.patisserie-rebert.fr

罗伯托·里纳尔迪尼（Roberto Rinaldini）于2000年在意大利里米尼（Rimini）开了他的第一个糕点铺；2008年，开了第二个糕点铺；2010年、2012年、2014年、2015年，又分别在意大利米兰、意大利洛纳托（Lonato）、佛罗伦萨开店、意大利佩扎罗（Pesaro）开店。这位糕点大师推出手工原创糕点，包括咸味糕点和甜味糕点，他总是重视并追求原材料的新鲜程度以及量产能力。

### 为什么选择含羞草蛋糕？

这款糕点是意大利传统糕点的一部分。这是我制作的第一个糕点食谱。我在1950年国际妇女节时发明了这个糕点食谱。今天，我们可在一年的任何时候找到这款糕点，尤其是在意大利境内。食用这款糕点时，一定要搭配含羞草，它提供了细腻且清淡的香气。

里纳尔迪尼糕点铺
里米尼、米兰、佛罗伦萨、佩扎罗、洛纳托（意大利）
www.rinaldinipastry.com

克里斯多夫·鲁塞尔
（Christophe Roussel）
（法国）

阿兰·鲁
（Alain Roux）
（英国）

克里斯多夫·鲁塞尔（Christophe Roussel）是味道的探索者，有着持久的激情，他在世界各地也都工作过。他总是坚持着他的信仰：简单且有包容性，他在这个小镇创造出一系列高品质且新颖的马卡龙、彩色糕点、造型奇特的巧克力，并开发一些令人震惊的配料混合物。

来自糕点大师家庭的阿兰·鲁（Alain Roux）在著名的河畔餐厅（Waterside Inn）工作之前，已在一些大师身边学有所成。在这里，他同他父亲一起工作，真正开启了自己的烘焙事业。在这个国际上享有盛誉的美食餐厅，他激情满满，定期更新糕点食谱。

### 为什么选择亚细亚花挞？

这款糕点是我和我的妻子朱丽多次合作的成果之一，朱丽对食材的选用比较有研究。我们一起合作开发我们的糕点产品，如今已有六年。也正是和朱丽的合作，我发现了桂花，这种花只有在亚洲才能够结果实的一种花，似杏子果酱，味微酸。

### 为什么选择萨塞克斯池塘布丁？

这款冬季甜点，制作方法简单却味道鲜美，令人无法抗拒。这款甜点可与英式温热的奶油共同食用，英式奶油是指有乳皮的奶油或可减轻奶油味或酸味的香草冰激凌。牛油面团、焦糖以及柠檬混合在一起，可口美味。当这款甜点置于空心盘之上时，布丁软塌，渐渐融入焦糖中。人们可以加入个人喜好的水果，利用橘子代替柠檬，并且加入苹果、香料等。

克里斯多夫·鲁塞尔（CHRISTOPHE ROUSSEL）
拉博勒（La Baule）、葛宏德（Guérande）、波尔尼谢（Pornichet）、波尔尼克（Pornic）和巴黎
www.christophe-roussel.fr

河畔餐厅（THE WATERSIDE INN）
泰晤士河上布雷（大不列颠）
www.waterside-inn.co.uk

理查德·萨普
（Richard Sève）
（法国）

寺井则彦
（Norihiko Terai）
（日本）

理查德·萨普（RICHARD SEVE）曾2次被评选为"最优秀的糕点师"（1999年在罗讷河-阿尔卑斯的评选活动以及2016年巴黎巧克力消费俱乐部的评选活动），他是潮流糕点的创造者以及祖传糕点的传承人。金山石糕点店（La Pierre des Monts d'Or）的传统杏仁糖馅饼以及创新的咸味马卡龙小糕点，制作的过程都在高科技生产车间中完成，制作时，本着"低可可含量"的制作要求、保证所有食材的纯天然性。

糕点师寺井则彦（Norihiko Terai）如照片中的他一样简单且真实、技艺精湛，他所制作的糕点多受到时新糕点的启发。"酸酸甜甜"糕点铺（Aigre-douce）是他长期在著名的糕点店内工作而取得的成果。在甜味糕点的世界里，回归本性的乐趣以及现代糕点作品并驾齐驱。这位将旅行糕点制成每日必供品的才华横溢的日本糕点大师的制作理念是"利用最好的材料制作最好的糕点"，他也不断从美味蛋糕中得到启发。

### 为什么选择糖衣杏仁挞？

在1905年，一位糕点师创立了糕点铺，他思想前卫，想制作一款带有当地玫瑰园颜色的糕点。在研究这款糕点的做法时，理查德·萨普（RICHARD SEVE）认真观察并参考当时的制作标准。他利用这些标准精细挑选已设计的糕点作品以便重新制作这款著名的糕点。

萨普糕点铺
里昂
www.chocolatseve.com

### 为什么选择栗子蛋糕？

制作这款蛋糕，我使用了栗子酱，但未添加面粉，因为我想得到味道可口、口感丰富的糕点。

### 为什么选择香料面包？

在这个糕点食谱中，我结合最新的做法、最大限度地使用了蜂蜜的味道以及高品质的香料以便制作出味道更清新的香料面包。

酸酸甜甜糕点铺（Aigre-douce）
东京（日本）

奥蕾里昂·特迪亚
（Aurelien Trottier）
（法国）

热利迪·图格斯
（Jordi Tugues）
（西班牙）

作为热情的手工业者，他研发了融合了其独创性以及其才能多年所学精髓的产品。面对美食爱好者，年轻的奥蕾里昂·特迪亚（AURELIEN TROTTIER）就有了工作的动力。

### 为什么选择玛德琳蛋糕？

我对玛德琳疯狂着迷，以至于我能够每天食用。它们是店铺的招牌产品之一。我利用马达加斯加的香草荚为其添加香味，香草荚为其增加了柔和且持久的香气。这款金黄色的玛德琳蛋糕广受大人以及小孩的喜爱。无论何时何地，人们都适合来品尝这款松软可口的美食甜点。

热情的手工业者
《独创的巧克力和糕点》
昂热（Angers）、绍莱（Cholet）、勒斯桥（Les ponts-de-Cé）
www.artisanpassionne.com

这个创办于1967年的家庭作坊通过供应一系列高质量的糕点、糖果以及盐渍食品、猪肉食品，逐步了扩大了产业链以及影响力。

### 为什么选择加泰罗尼亚烤布丁？

在我们国家，加泰罗尼亚烤布丁是一款传统甜点。通常，这款甜点只有在父亲节时食用。我们在制作时，不添加淀粉浆，并直接放于烤箱内烘烤，因此，成品更加轻巧且光滑。

图格斯（TUGUES）
莱里达省（Lleida）（西班牙）
www.tugues.com

马尔科·瓦利埃
（Marco Valier）
（奥地利）

埃里克·奥尔涅
（Éric Vergne）
（法国）

在马尔科·瓦利埃（Marco Valier），可供选择的糕点及甜点不计其数，从可供乘坐飞机的旅客食用的意大利托尼甜面包，到品种齐全的手工糖果，一应俱全。糕点师推荐的蒂罗尔美味特产充分诠释了该店名声远扬的原因。

### 为什么选择香草月牙面包？

香草月牙面包或香草月牙饼干是奥地利人在圣诞节时食用的传统小糕点之一，亦是我们国家的美食烹饪遗产的一部分。这款糕点是由维也纳面包师为纪念战胜土耳其而制作的。

瓦利埃糕点
因斯布鲁克（奥地利）
www.konditorei-innsbruck.at

五十年来，奥尔涅店不断生产着美味。起初，该店只是糕点店，随着时间推移，逐步发展为巧克力店，并在法国东部享有盛誉。无论是巧克力、餐末甜食或熟食，这家店所出售的任何品类的食品均能受到大量食客的喜爱。

### 为什么选择荷兰马卡龙？

适逢巴黎马卡龙流行之时，我们选择制作奥尔涅马卡龙，它是我们店的招牌产品。这款别样的马卡龙制作方法由奥尔涅店铺的创始人乔治发明，由此我们获得了"最有活力企业"的称号。杏仁、蛋白的使用，马卡龙所需的甜味以及独一无二的制作方法使这些可人的甜品从原本普通的外形转变为富有创造性的外形。

奥尔涅糕点铺
欧丹库尔（Audincourt）、蒙贝里亚（Montbéliard）、贝尔福（Belfort）
www.patisserie-vergne.fr

保罗·威特曼
（Paul Wittamer）
（比利时）

罗兰·蔡宁
（Roland Zanin）
（法国）

这个家族企业由亨利·威特曼创办于1910年，现如今由米里亚姆和保罗（Myriam et Paul）以及其孙辈共同管理。每天，糕点师傅试图寻找传统手工业与创造性思维的完美融合。正因为如此，每年，口味各异的马卡龙都会成为店铺的招牌产品之一，店铺亦成为王室宫廷的指定供货商。

**为什么选择金砖蛋糕？**
1968年我所创作的这款蛋糕是受到我的朋友兼星级餐厅"如家"（Le Comme chez soi）的老板皮埃尔·韦恩特（Pierre Wynants）的一款甜品的启发。自设计之日起，虽然黄油面团、香草奶油、新鲜水果以及奶油夹心烤蛋白组合总是在不断变化，但是每种做法的这款蛋糕都堪称美味。

威特曼
布鲁塞尔（比利时）、日本（21家店）
www.wittamer.com

作为入选的艺术家和手工业者，罗兰·蔡宁在他的两个店铺接待美食爱好者与品鉴者，他的两个店铺分别于1999年以及2013年开业。他的富有创造性与新颖性的糕点以及味道精美的糖果是名副其实的美食名片。他也非常大胆地在巧克力奶糊中添加香料并将莫吉托鸡尾酒改制成马卡龙。

**为什么选择波拉丽昂蓝莓蛋糕？**
在拜访一位糕点协会的朋友时，我品尝到一款甜点，其味道与童年时母亲为我们制作的甜点极其相似。我为小女儿艾玛（Emma）重新加工这款甜点，她对此甚是喜欢。她生活在芬兰的一个盛产蓝莓的小镇，因此这款甜点的名称取自富有野生蓝莓的勃朗峰的一座山。也是使用野生蓝莓，我完成了这款甜点的制作。

蔡宁
法耶（Fayet）、克鲁兹（Cluses）
www.zaninchocolatier.fr

# 优选原料

# 甜品师名录

# 致谢

特别感谢协会主席弗雷德里克·卡塞尔（Frédéric Cassel）先生，是他产生灵感，提出通过这样一本合集，与大家分享法国权威糕点协会（Relais Desserts）的"美食世界"。

感谢所有甜品师的配合，感谢他们愿意花很长时间来讨论确定甜品照片，以便满足艺术总监可可·乔巴德（Coco Jobard）的要求。拍摄个人照片时，他们都没有忘记穿正装。

非常感谢我们的艺术创作团队：摄影师劳伦特·福（Laurent Fau）、编辑可可·乔巴德（Coco Jobard）[萨拉·瓦斯琪（Sarah Vasseghi）的助手]。他们不辞辛苦走遍法国各个角落，甚至去意大利和西班牙，只为拍出令人满意的照片，而这些照片也是本书的精华之一。他们擅长去发现每个甜品背后的故事以及甜品师期望赋予他们的意义。

感谢法国马蒂尼埃（Martinière）出版社团队在整个过程中给予我们的耐心和理解。特别感谢夏洛特·库乐（Charlotte Court），她深深理解我们希望通过这本书传达的全部意义。特别感谢劳伦斯·玛耶（Laurence Maillet）为本书提供合适的图片。特别感谢贝内迪克特·博尔托利（Bénédicte Bortoli）在这本书文案方面提供的支持。

感谢弗雷德里克·卡塞尔甜品店的发展规划负责人格雷刚利（Grégory Quéré），他策划和完成了本书"必备技能"章节。凭借自己的才能和经验，向大家展示了甜品师精湛的技术。

感谢玛丽·卢恩斯（Marie Loones）负责与各方进行沟通协调，使本书得以成功出版。

感谢所有的读者，感谢你们对这本书的喜爱，感谢你们愿意去尝试这本书中的顶级甜品。

## 图书在版编目（CIP）数据

世界甜品大师创意之作100款 / 法国权威糕点协会主编；
（法）劳伦特·福摄影；郝文译. — 北京：中国轻工业出
版社，2019.11

ISBN 978-7-5184-2583-9

Ⅰ.①世… Ⅱ.①法… ②劳… ③郝… Ⅲ.①甜食－制
作 Ⅳ.① TS972.134

中国版本图书馆 CIP 数据核字（2019）第 154001 号

责任编辑：卢 晶　　责任终审：张乃东　　整体设计：锋尚设计
责任校对：李 靖　　责任监印：张京华

出版发行：中国轻工业出版社（北京东长安街6号，邮编：100740）
印　　刷：北京富诚彩色印刷有限公司
经　　销：各地新华书店
版　　次：2019年11月第1版第1次印刷
开　　本：787×1092 1/16　印张：23.5
字　　数：400 千字
书　　号：ISBN 978-7-5184-2583-9　定价：238.00元
邮购电话：010-65241695
发行电话：010-85119835　传真：85113293
网　　址：http://www.chlip.com.cn
Email：club@chlip.com.cn
如发现图书残缺请与我社邮购联系调换
180405S1X101ZYW